大气辐射环境自动监测系统建设与运行

主　编　杨维耿

副主编　顾建刚　王　侃　陈前远　郑惠娣　胡　丹

钮云龙　胡晨剑　何必胜　等

哈爾濱工程大學出版社

Harbin Engineering University Press

内容简介

本书从实际工作出发,全面系统地介绍了国际上辐射自动监测站的建设现状及展望、我国辐射环境自动监测技术的发展历程和点位布设、我国辐射环境自动监测系统的建设技术、我国大气辐射环境自动监测系统的安装与验收技术、辐射环境自动监测系统关键设备的性能测试、辐射环境自动监测系统的监测、自动站监测系统运行管理等内容。

本书可作为全国大气辐射自动监测站运维技术人员的参考资料和培训教材。

图书在版编目(CIP)数据

大气辐射环境自动监测系统建设与运行/杨维耿主编. — 哈尔滨:哈尔滨工程大学出版社, 2024.2
ISBN 978-7-5661-4306-8

Ⅰ.①大… Ⅱ.①杨… Ⅲ.①大气辐射-环境监测系统 Ⅳ.①P422

中国国家版本馆 CIP 数据核字(2024)第 050505 号

大气辐射环境自动监测系统建设与运行
DAQI FUSHE HUANJING ZIDONG JIANCE XITONG JIANSHE YU YUNXING

选题策划 雷　霞
责任编辑 丁月华
封面设计 李海波

出版发行 哈尔滨工程大学出版社
社　　址 哈尔滨市南岗区南通大街 145 号
邮政编码 150001
发行电话 0451-82519328
传　　真 0451-82519699
经　　销 新华书店
印　　刷 哈尔滨市海德利商务印刷有限公司
开　　本 787 mm×1 092 mm　1/16
印　　张 11.5
字　　数 292 千字
版　　次 2024 年 2 月第 1 版
印　　次 2024 年 2 月第 1 次印刷
书　　号 ISBN 978-7-5661-4306-8
定　　价 45.00 元
http://www.hrbeupress.com
E-mail:heupress@hrbeu.edu.cn

前　言

电离辐射环境是生态环境的重要组成部分,包括天然电离辐射和人工电离辐射。天然电离辐射本来就有,而人工电离辐射产生于人类对核能、核技术的开发利用。鉴于众所周知的核与辐射的特殊性,以及社会公众极易将核与辐射关联到核恐怖的潜意识,辐射环境监测特别受到国家和全社会的高度关注与重视。

“核安全是国家安全的重要组成部分。”我国确立了“理性、协调、并进”的核安全观。截止到2022年末,我国在运核电机组54台,在建核电机组16台,总装机容量仅次于美国和法国,位居世界第三位。确保核电安全的环境保护需求与任务十分巨大;同时,环顾世界形势,存在着世界核恐怖威胁,因此建立并不断完善我国辐射环境自动监测网,不仅是反映国家辐射监测能力与水平的需要,而且是国家安全的战略亟需。

20世纪50年代,受国内外政治环境的影响,为建立战略核威慑体系,我国开始了核工业体系的建设,辐射监测工作也随之逐步开展。我国卫生主管部门在1960年发布了《放射性工作卫生防护暂行规定》。1974年,我国环境保护机构在成立仅一年之后就发布了《放射防护规定》,生态环境保护机构正式介入辐射监测工作。1978年开始,中国原子能科学研究院潘自强院士牵头开展了我国部分地区辐射环境水平调查工作。1983—1985年,卫生系统完成了以估算天然辐射所致居民剂量为目的的全国各地区的辐射水平调查。这些辐射环境水平调查工作拉开了我国环境辐射水平监测的序幕。

1983—1990年,国家环境保护总局组织的“全国环境天然放射性水平调查”标志着我国辐射环境监测工作迈向系统化和专业化。1992年起,随着秦山核电厂的正式投入运行,辐射环境监督性监测工作开始进入全面铺开阶段。2001年,《辐射环境监测技术规范》(HJ/T 61—2001)发布,规定了辐射环境质量监测的方案。2003年10月,《中华人民共和国放射性污染防治法》的正式发布,放射性污染防治的职责有了法律上的规定,我国辐射环境质量监测网的建设也拉开了序幕。党中央和国务院高度重视核与辐射安全工作,核与辐射安全监管、生态环境保护、污染防治成为环境保护的三大支柱。借鉴发达国家经验,建立并不断完善我国辐射环境自动监测网,体现出国家的辐射环境监测能力与技术水平。

自动监测网是国家辐射环境监测网的重要组成部分。2007年,原国家环保总局将各省在省会城市自行建设的25个辐射环境自动监测站正式纳入国家辐射环境监测网第一批国控点,拉开了我国自动监测网建设的序幕。2008年,通过“中央财政污染物减排专项资金——核与辐射监测能力建设项目”，我国在全国范围内建设了100个辐射环境自动监测子站。日本福岛核事故后，2011年在东北边境地区及山东建设了15个自动监测站，2012年在浙江、江苏和广东等省运行核电站的周边地级城市建设10个自动站。“十三五”期间，国家进一步加大对辐射环境监测工作的投入，2016年，在西藏、云南、内蒙古的重要边境地区建设6个自动监测站，2017—2019年，通过中央本级能力建设项目，共建设331个自动监站。至“十三五”末期，我国辐射环境自动监测站点达到500个，正式形成覆盖全国所有地级以上城市及重要边境口岸等敏感地区的大气辐射环境自动监测网络。

我国辐射环境监测体系建设正处于大发展阶段，建立并不断完善我国辐射环境自动监测网，实时跟踪全国辐射环境质量变化并准确提供核辐射事件预警，不仅是反映国家辐射监测能力与水平的需要，更是事关国家安全的战略亟需。监测数据质量是辐射环境自动监测的核心，决定了数据长期积累的科学性和准确性，涉及公众安全、社会稳定和政府公信力。生态环境部辐射环境监测技术中心杨维耿团队长期从事辐射环境自动监测系统的规划、建设和运行维护技术支持工作。

本书回顾了我国辐射环境监测的开展情况、辐射环境机构的发展沿革以及辐射环境空气自动监测开展的时代背景；通过广泛深入的文献调研，详细阐述了国际上辐射环境空气自动监测站建设现状，并做出了发展展望；结合本书编写人员多年来积累的专业技术知识和工作经验，从自动站建设运行的环节出发，全面梳理了大气辐射环境自动监测站的建设技术、安装和验收技术、设备性能测试方法、监测和运行管理要求、质量保证措施等。

本书由生态环境部辐射环境监测技术中心组织撰写，杨维耿、顾建刚、王侃、陈前远、郑惠娣、胡丹、钮云龙、胡晨剑、何必胜、赵俊、朱一昊、陆建峰、黄嘉、李雪贞(北京市辐射安全中心)等共同编写。本书作为全国大气辐射自动监测站运维技术人员的参考资料和培训教材，将进一步提高辐射监测领域人员的理论水平，推动我国的辐射监测事业。

第1章为绪论，介绍了我国辐射环境监测开展沿革和大气辐射环境自动监测开展背景，由钮云龙撰写。

第2章为国际上辐射自动站的建设现状及展望，由陈前远编写。

第3章为辐射环境自动监测技术的发展历程和点位布设，由顾建刚、郑惠娣、王侃撰写。

第4章为辐射环境自动监测系统的建设技术，由杨维耿、王侃、李雪贞、钱贵龙撰写。

第5章为大气辐射环境自动监测系统的安装与验收技术，由王侃、郑惠娣撰写。

第6章为辐射环境自动监测系统关键设备的性能测试，由顾建刚、杨维耿、高飞撰写。

第7章为辐射环境自动监测系统的监测，由胡丹、何必胜、朱一昊、赵俊、陆建峰撰写。

第8章为自动站监测系统运行管理，由胡晨剑、章轲、马永福撰写。

本书从2020年4月开始筹划到2024年出版，历时3年多，先后经过多次讨论、修改、统稿、校核、定稿等多项流程。生态环境部核设施安全监管司十分重视此书的编写工作，对本书的结构提出指导意见。

本书由国家自然科学基金面上项目“基于大数据融合与生成对抗深度学习的高置信度大气辐射环境实时监测分析与核事故预警研究”(12075212)、“我国辐射环境自动监测网数据质量关键科学问题研究”(11975207)和国家自然科学基金青年基金项目“高置信度群智能辐射自动站关键核素深度学习实时最优预报模型研究”(12105246)共同资助。

衷心感谢杭州成功软件有限公司、北京中检维康有限公司对本书部分章节提供的资料。衷心感谢所有参与本书编写的专家和同行。

由于时间有限,尽管作者们在编写本书时花费了很大的精力,但书中难免有不妥之处,敬请读者指正。

生态环境部辐射环境监测技术中心《大气辐射环境自动监测系统建设与运行》编写组

2023 年 10 月

目　录

第1章　绪　　论

1.1　我国辐射环境监测开展沿革

1.1.1　辐射环境监测开展情况

20世纪50年代,受国内外政治环境的影响,为建立战略核威慑体系,我国开始了核工业体系的建设,辐射监测工作也随之逐步开展,主要由各类核设施运营主体实施。随着国民经济体系的建立,尤其国民医疗系统的逐步健全,核技术利用设施也日渐普及。我国卫生主管部门在1960年发布了《放射性工作卫生防护暂行规定》,依据该规定,卫生系统作为监管主体开始了辐射监测工作。1974年,我国生态环境保护机构在成立仅一年之后就发布了《放射防护规定》,正式介入辐射监测工作。以上辐射监测,主要以评估工作人员所受人工照射为目的,是我国辐射监测工作的起始阶段。

自1978年开始,中国原子能科学研究院潘自强牵头开展了我国部分地区辐射环境水平调查工作。1983—1985年,卫生系统完成了以估算天然辐射所致居民剂量为目的的全国各地区的辐射环境水平调查。这些辐射环境水平调查工作拉开了我国环境辐射水平监测的序幕。

1983—1990年,国家环境保护局依据机构职责,基于我国核工业30年发展历史、核电已经开始起步、核技术和放射性同位素应用日渐广泛的现实,开展了以摸清环境天然放射性水平、分布为主要目的的"全国环境天然放射性水平调查"。调查由时任国家环境保护局局长解振华亲自倡议和组织,是我国唯一一次覆盖全国范围(港澳台地区除外)的放射性本底调查工作,在全国29个省、自治区、直辖市(海南含在广东内)开展,各省、自治区、直辖市和武汉、包头环境监测站(所)共300余人参加,中国辐射防护研究院、中国原子能科学研究院任质量保证单位,李德平教授、潘自强研究员任总顾问。项目在全国范围基本以25 km×25 km网格均匀布点,在核设施周围和可能造成核污染的工业活动地区,加密做了调查;还在15个省的21个城市对局部地区室内外空气中氡及其子体α潜能浓度做了调查。本底调查成果由国家环境保护局于1995年8月印发成《中国环境天然放射性水平》一书,该书中所列各地区辐射环境本底水平、辐射环境质量保证措施、辐射监测方法至今被环境监测人员广泛引用。"全国环境天然放射性水平调查"是我国辐射环境监测工作迈向系统化和专业化的标志。

1992年秦山核电厂正式投入运行,针对核设施运行的监督性监测工作正式开展,辐射环境监督性监测工作开始进入全面铺开阶段。截至2020年,我国已经对全国46个国家重点监管的核与辐射设施开展监督性监测,包括:12个核电基地,2个研究堆,5个综合核基地(含重要核设施周围21个辐射环境自动监测点),5个铀转化、浓缩及元件制造设施,18个铀矿冶,1个伴生放射性矿,2个放射性废物处置场和1个放射性污染物填埋坑。

2001年,《辐射环境监测技术规范》(HJ/T 61—2001)发布,其中规定了辐射环境质量监测的方案。2003年10月,《中华人民共和国放射性污染防治法》正式发布,对放射性污染防治的职责有了法律上的规定。我国辐射环境质量监测网的建设也拉开了序幕,自动辐射监测网络由最初的分布于32个网络成员单位的32个子站,逐步扩展到覆盖全国主要城市和边境地区。

1986年4月发生的切尔诺贝利核事故,给全球范围内核设施运行安全敲响了警钟,我国核与辐射应急监测也随之加强。30多年来,除了各个层级的应急演习外,我国辐射环境监测系统先后历经了2006年开始的6次边境核试验应急监测,奥运会、世博会、亚运会、亚太经合组织(APEC会议)、二十国集团(G20)会议等重大活动保障应急监测。2011年日本福岛核事故我国境内应急监测,以及各类放射源丢失应急监测等监测任务的考验,已经建立了较为完善的辐射环境应急监测体系。

近年来,各类专项辐射环境水平调查工作也在逐步开展,包括各类核设施运行前辐射环境本底水平调查,全国核基地辐射环境水平调查,全国污染源普查伴生放射性污染源普查,城市集中式饮用水水源地放射性水平调查,雄安新区和东北边境地区环境辐射水平本底调查,近岸海域环境综合调查放射性专项,我国部分地区室内和环境氡的调查等。这些调查工作有效地补充了各类指令性监测数据覆盖面上的不足,是我国辐射环境监测工作的重要组成部分。

1.1.2 辐射监测机构建设情况

1.1.2.1 卫生健康系统管理沿革

20世纪50年代,我国核工业建设之初,辐射环境监测的开展主体为各类核工业设施运营单位。1960年《放射性工作卫生防护暂行规定》发布后,卫生系统开始行使辐射环境监测职能。具体承担监测工作的机构为各级卫生主管部门下属的工业卫生实验所、放射医学研究所、卫生防疫站和放射卫生防护监督监测所等。随着职能的转隶,2003年以后卫生主管部门承担的辐射环境监测工作涉及面变窄,主要是职业卫生防护涉及的监测工作,承担监测任务的主体为各级疾病预防与控制中心。

1.1.2.2 生态环境管理系统管理沿革

我国生态环境主管部门正式成立于1973年,在1974年正式发布《放射防护规定》。生态环境主管部门介入放射性管理与部门成立是基本同步的,辐射环境监测作为放射管理工作的重要环节,也是同步开展的。1988 年以前,承担辐射环境监测的机构为各级环境监测机构下设的物理室等部门,没有专门的辐射环境监测机构。

截至目前,我国的辐射环境监测工作基本上形成了国家(生态环境部)——国家级技术支持机构(辐射环境监测技术中心、核与辐射安全中心)——省级辐射环境监测机构——地市级辐射环境监测机构等 4 个层次。

1.1.2.3 国家辐射环境监测管理机构

从 1982 年国家设立城乡建设环境保护部开始,我国生态环境主管部门历经了国家环境保护局、国家环境保护总局、环境保护部和生态环境部等多段机构沿革历程,在不同的发展阶段,辐射环境监测工作均由专设的内部处室负责,目前,对全国辐射环境监测工作实施统一管理的司局为核设施安全监管司,内设处室为辐射监测与应急处。另外,生态环境部内设的核电安全监管司、辐射源安全监管司、生态环境监测司和海洋生态环境司也涉及了部分辐射环境监测管理职责。

1.1.2.4 国家级技术支持机构

承担国家级辐射环境监测技术支持的机构为两中心,即生态环境部辐射环境监测技术中心和生态环境部核与辐射安全中心(简称"核安全中心")。生态环境部派出的六个地区监督站也承担部分辐射环境监测(管理)职能。

(1)生态环境部辐射环境监测技术中心

1988 年 9 月,随着秦山核电厂的建设展开,浙江省环境放射性监测站在杭州成立,这是我国生态环境主管部门成立的第一个专业性的辐射环境监测机构。

为加强我国核安全与辐射环境管理能力建设,提高技术支持和技术管理水平,1999 年 9 月,原国家环保总局发文(环发〔1999〕209 号)在浙江省环境放射性监测站的基础上建立了国家环境保护总局辐射环境监测技术中心(简称"技术中心"),该技术中心挂靠在原浙江省环保局,与浙江省环境放射性监测站为一个机构两块牌子。2011 年 4 月,中央机构编制委员会办公室(简称"中央编办")批复同意浙江省辐射环境监测站加挂环境保护部辐射环境监测技术中心的牌子。2020 年 3 月,浙江省辐射环境监测站事业单位法人证书变更,生态环境部辐射环境监测技术中心正式获浙江省事业单位登记管理局登记。

生态环境部辐射环境监测技术中心为全国辐射环境监测工作提供全面技术支持,具体职责如下:

①为全国辐射环境质量监测、重点核设施监督性监测以及有关信息发布提供技术支持;评价全国辐射环境质量状况和变化趋势;编写全国辐射环境质量报告和其他专题报告。

②负责国家辐射环境监测网络的运行和管理;承担全国辐射环境监测技术培训工作;对各省辐射环境监测机构进行技术指导、协调和服务;负责与国家环境监测网的接口工作。

③承担全国辐射环境监测法律、法规、标准、规划、政策及规范的研究和技术支持;负责辐射环境监测方法标准化的技术工作,承担拟订辐射环境技术标准和技术规范工作。

④负责全国辐射环境监测系统的质量保证管理工作,开展质量监督、考核和能力验证等工作。

⑤承担核事故、特别重大辐射环境事故及处置核与辐射恐怖袭击事件的应急监测技术工作。

⑥开展辐射环境保护、分析测试技术与环境影响评价方法的科学研究、技术服务与技术培训工作。

⑦建立并保持各类环境介质放射性分析测试能力,并承担特殊需求分析测试工作。

⑧承担国家审批的电磁类建设项目环境影响评价及竣工环境保护验收的技术审评工作。

⑨开展辐射环境监测与分析测试技术国际交流与合作。

⑩承办生态环境部交办的其他事项。

截至2022年生态环境部辐射环境监测技术中心现有工作人员183人,其中编内80人;技术人员总数为147人,其中教授级工程师12人,高级工程师69人,28人持有注册核安全工程师证书;人员学历结构为博士5人,硕士71人,本科87人。

(2)生态环境部核与辐射安全中心

1989年3月,国家核安全局组建北京核安全中心,人员编制为50名;1994年转为国家科委直属事业单位,更名为国家科学技术委员会(简称“国家科委”)核安全中心,人员编制为100名;1998年,转隶国家环保总局,更名为国家环境保护总局核安全中心;2005年,更名为国家环境保护总局核与辐射安全中心;2008年,更名为环境保护部核与辐射安全中心,编制为170名;2010年,加挂环境保护部核安全设备监管技术中心的牌子,编制大幅扩充至600名;2019年,更名为生态环境部核与辐射安全中心,加挂生态环境部核安全设监管技术中心的牌子。

生态环境部核与辐射安全中心作为生态环境部直属事业单位,是我国专业从事核安全与辐射环境监督管理技术保障的公益性事业单位。其在辐射环境监测上的职能主要包括:核安全辐射环境监管技术支持;辐射环境安全审评与监督技术支持;核事故与辐射环境事故应急响应与评价;核安全与辐射防护科学研究等。中心内设的辐射环境监测部、核与辐射应急部直接从事辐射环境监测相关技术支持工作。

1.1.2.5 地区监督站

1986年,为配合秦山核电厂和广东大亚湾核电站建设,国家科委批准设置了国家核安全局上海核安全监督站和广东核安全监督站;1990年,为配合开展民用核设施和核材料的核安全监督,国家核安全局成都监督站成立;1996年,国家核安全局北方核安全监督站成立。随着2003年《中华人民共和国放射性污染防治法》的颁布,辐射安全监督职能划归环境保护部门,各地区监督站于2006年更名为核与辐射安全监督站。此后,随着生态环境主管部门的改革,名称也在变化。

目前,生态环境部下辖华北核与辐射安全监督站、华东核与辐射安全监督站、华南核与辐射安全监督站、西北核与辐射安全监督站、西南核与辐射安全监督站、东北核与辐射安全监督站等6个地区监督站。各地区监督站根据法律、法规授权和生态环境部的委托,负责所辖区域内的核与辐射安全监督工作,其中与辐射环境监测相关的职责有:对核设施辐射环境管理的日常监督;对生态环境部直接监管的核技术利用项目辐射安全和辐射环境管理的日常监督;对负责由生态环境部直接监管的核设施营运单位和核技术利用单位核与辐射事故(含核与辐射恐怖袭击事件)应急准备工作的日常监督,以及对事故现场应急响应的监督;对由生态环境部直接监管的核设施和核技术利用项目辐射监测工作的监督及必要的现场监督性监测、取样与分析;对地方生态环境主管部门辐射安全和辐射环境管理工作的督查。

各地区监督站均为参照公务员管理的事业单位,最多的有111人。内设部门中,直接从事辐射监测相关工作的是监测应急与督察处。

1.1.2.6 省级辐射环境监测机构

我国最早的省级辐射监测机构为1988年9月设立的浙江省环境放射性监测站,随着广东大亚湾核电站和江苏田湾核电站建设的开展,广东和江苏等省份成立了专业的辐射环境监测机构。在《中华人民共和国放射性污染防治法》发布前,我国绝大部分省份均未设置专门的辐射环境监测机构。2003年以后,随着全国辐射环境监测网络的铺开,以及辐射监督职能由卫生系统转隶至生态环境系统,设立了各省级辐射环境监测机构。

截至2021年,32个监测机构总人数1 481人。其中编制内人数1 106人,占总人数74.7%;具有高级职称人员(含正高级工程师)372人,具有中级职称人员379人;具有博士学历25人,具有硕士学历397人,具有本科学历832人,大学本科学历及以上人员占总人数84.7%;持有生态环境部辐射环境监测技术中心颁发的辐射监测上岗证900人;具有注册核安全工程师执业资格195人。

截至2021年,32个省级辐射环境监测机构(含青岛、13个分场址)均通过了实验室资质认定,其中19个监测机构(含12个分场址)通过国家级资质认定,13个监测机构(含1个分场址)通过省级资质认定。内蒙古站、上海站、浙江站、四川站和甘肃站还通过了国家实验室认可。各省级辐射环境监测机构持续推进能力建设,开展国家辐射环境质量监测、监督性监测和应急监测。生态环境部牵头开展了辐射环境空气自动站建设、实验室和现场监测设备统一配备等大规模能力建设项目,各省级监测辐射环境监测机构也通过省级财政能力建设专项、核电厂外围监督性监测系统建设等途径进一步加强仪器设备配备。32个省级辐射环境监测机构均通过了生态环境部依据各省份监测任务承担情况开展的辐射环境监测能力评估。

截至2022年6月,我国有32个省级辐射环境监测机构(含青岛),其中专门设置的省级辐射环境监测机构为28个,辽宁省、黑龙江省、山西省和天津市辐射环境监测职能设置在对应的省、市环境监测中心(站)。这些单位中,8家为参照公务员管理事业单位,其余均为公益一类或二类事业单位。

1.1.2.7 地市级辐射环境监测机构

随着我国核事业的不断发展,以及核技术应用的日渐普及,核与辐射安全监管任务不断增加,为适应新时代监管需求,部分省份成立了地市级的辐射环境监测机构。

设立地市级辐射环境监测机构的省份以有核省份为主,以四川省为例,该省在有核设施的部分地级市成立了市级辐射环境监测站,并筹划以这些监测站为基础成立派出性质的省内片区级辐射环境监测分站;广东、广西、福建和江苏等省份或自治区,以核电厂现场监督性监测前沿站为基础,成立了覆盖省(自治区)内片区分支型监测机构,如广东省辐射环境监测中心粤西分部、深圳分部等。部分无核省份,如湖北、湖南也成立了市级辐射环境监测机构。国内大多数省份地市级辐射环境监测职能均由省本级或者地市级环境监测中心(站)承担,未设立独立的地市级辐射环境监测机构。随着监管任务的不断加重,以及公众对辐射环境质量关注度的不断提升,我国地市级辐射环境监测机构建设有待加强。

1.2 大气辐射环境自动监测开展背景

1.2.1 核与辐射安全监管需求

1.2.1.1 核电监管形势严峻

20 世纪 50 年代,世界上第一座商用核反应堆投入运行,伴随着核电的快速发展,尤其是 20 世纪七八十年代发生的几次大的核电站反应堆事故,核电站的建设进入了一个低潮期。然而,在进入 21 世纪后,由于经济发展带来的能源需求急剧增长,加上化石燃料能源不断加大污染和温室气体排放给环境造成巨大压力,世界各国对发展核能的兴趣重新燃起,许多国家启动了或计划启动新的核电厂建设项目。如今,全球核工业已进入一个全新的快速发展期,核能发展一马当先。经过 70 多年的发展历程,根据世界核能行业协会最新数据,全世界在运的约 440 座核电机组提供了全球 10%的电力,核能已经成为全球第二大低碳能源。另外,世界上有 50 个国家正利用 220 个反应堆开展研究工作,这些反应堆也被用于生产医用和工业用同位素,同时还用于人员培训。

2007 年,国务院批准了《核电中长期发展规划(2005—2020 年)》,规划中提及:到 2020 年,实现核电运行装机容量争取达到 4 000 kW,在建核电容量保持 1 800 kW 的规划目标,使我国核电装机容量占全国电力总装机容量的比能提高到 4%。根据该规划精神,近年来,岭澳二期、辽宁红沿河、福建宁德、福建福清、广东阳江、浙江方家山、广东台山、海南昌江、广西防城港、浙江三门、山东海阳等核电基地相继投入运行,各运行核电基地也不断有新的机组投入运行。其中,三门和海阳核电基地采用的是 AP1000 第三代核电技术,我国具备自主知识产权的“华龙一号”三代核电机组也已进入建设阶段。根据中国核能行业协会数据,截至 2020 年底,全国核电机组额定装机容量已达到 51 027.16 MWe,2020 年 1—12 月,全国运行核电机组累计发电量为 3 662.43 亿 kW · h,占全国累计发电量的 4.94%,发电量达到世界第二,核电中长期规划中的运行机组装机容量、核电装机容量占总发电量比例等目标已提前实现。

2022 年 1 月 1 日,国内第二台“华龙一号”机组福清核电站 6 号机组并网发电,我国并网在运核电机组达到53台，在建核电机组16台。2022年，全国运行核电机组累计发电量为4 177.86亿kW·h，占全国累计发电量的4.98%。

我国在运核电机组存在多种堆型、多类标准、多国引进的现状，核电运行潜在风险始终存在，给核安全监管带来严峻挑战。随着核电的快速发展，我国对辐射环境监测的要求也提高到一个新的层次。按照我国相关标准和法规的要求，我国核电厂的辐射环境监测实行"双轨制"监测，即由生态环境主管部门和核电厂共同开展监测，监测结果相互对照。根据我国核电的部署，我国前后有近20个省份正在积极推进核电的建设，正在建设的核电机组有16台，并且对大量厂址正在开展核电建设的前期论证工作，这其中包括一些内陆厂址。在此情况下，无论是生态环境主管部门还是核电企业，在人力资源、监测设施和技术水平方面都面临着巨大的挑战。

在正常运行条件下，核电机组排入大气的物质主要是裂变气体氪((Kr)和氙(Xe)等)、活化气体氚(^{3}H)、碳14(^{14}C)和氩41(^{41}Ar)等)、以及碘(I)、微尘，液态流出物主要有^{3}H、I、钴(Co)、铯(Cs)及其他核素，我国境内核电厂常见关键核素为^{14}C、^{3}H和^{60}Co等。由于核电厂反应堆的堆芯内包容着大量放射性物质，一旦发生堆芯熔化等严重事故，就可能释放出大量放射性物质，对场外环境造成巨大影响。《核动力厂环境辐射防护规定》(GB 6249—2011)中规定了每座核电厂向环境释放的放射性物质致公众成员年有效剂量小于0.25 mSv，该标准还规定了核电厂气载和液态放射性流出物的年排放量，明确单个季度排放总量不应超过所批准的年排放总量的1/2，单个月份排放总量不应超过所批准的年排放总量的1/5。运行单位为了确保达到排放(管理)限值的要求和运行管理的需要，制定运行限值和行动水平，明确流出物的阈值浓度，当流出物的浓度达到该阈值时，需采取某种行动。为了把核电厂对厂址边界以外周围地区的γ辐射量保持在"可合理达到最低"水平，有些国家要求在厂址边界以外的邻近地区，在核电厂正常运行时，放射性烟羽在环境中引起的外照射变化应控制在小于0.05 mSv/a(5 mrem/a)的水平，它仅相当于天然本底产生的外照射量0.8 mSv/a的1/16，监测其变化难度很大。

针对监督性监测任务最为繁重的核电厂，生态环境部统筹开展了很多基础设施建设工作，拟定了《核电厂辐射环境现场监督性监测系统建设规范》(环发〔2012〕16号)、《核电厂辐射环境现场监督性监测系统建设具体技术内容(试行)》(国核安函〔2014〕49号)等规范系统选址、建造、设备配备及技术要求的技术文件。以这些文件为依据，各运行核电厂外围均建成了现场监督性监测系统，其中，分布于以核反应堆为中心不同方位角的监测子站，是监督性监测系统的最主要组成部分。各监测子站除用于采集空气样品和气象观测外，开展环境γ辐射剂量率自动监测是其最主要的功能。辐射环境空气自动监测已经成为对核电厂外围环境开展监管的最重要手段之一。

1.2.1.2　核燃料循环设施面临监管新要求

核燃料循环设施是与铀(U)反应堆发电过程相关的一系列工业过程的总称，主要包括U的开采、使用前的纯化处理、到达使用寿期后的再处理、废物处置等过程，通过对后处理后生成的U、钚(Pu)燃料再利用，形成一个循环过程。

我国已经形成了完善的核燃料循环工业体系，在全国辐射环境监测网络涵盖的46个重点监管核与辐射设施中，除了1个伴生放射性矿外，其余均与核燃料循环相关。除了在分布于13个运行核电基地外围的监督性监测子站上开展辐射环境空气自动监测外，针对位于北京、四川和甘肃的5个核设施，建设有21个辐射环境空气自动监测站（简称“21点”）。大部分核燃料循环设施外围的辐射环境空气自动监测尚未开展，我国在核燃料循环工业正面临新的发展阶段，乏燃料后处理设施、放射性废物处理设施的建设必将随着核电装机容量的增加而提速，加强核燃料循环设施外围辐射环境空气自动监测，是适应新阶段核安全监管要求的必然举措。

1.2.1.3 核技术应用设施监管需求凸显

核技术是20世纪人类最重大的科学技术之一，在军事、能源、工业、医疗、农业和其他领域都得到了广泛的应用，已经极大地影响甚至改变了人类生活，在推动经济发展和社会进步方面发挥越来越大的作用。尽管我国核技术应用产业的产值已超过3 000亿元，但是核技术应用产业占国内生产总值（GDP）的比重仍然远低于欧、美、日等发达地区和国家的水平。

2021年新修订的《辐射环境监测技术规范》（HJ/T 61—2021）除了对应用开放型放射源、含贮源水井的辐照装置、应用粒子加速器等核技术利用设施的监测做了相应规定，还增加了辐射环境空气自动监测内容。同时为加强监管，生态环境部门还针对放射性废物贮存库、高活度放射源等开展了一些自动监测方面的工作。鉴于我国核技术应用存在现有体量大、发展潜力大等特点，辐射环境空气自动监测在该领域有现实的监管需求。

1.2.1.4 国家辐射环境质量监测网不断扩大

服务新时代生态文明建设，保护人民群众的生产生活环境，是生态环境部门义不容辞的责任。随着社会的发展进步，公众对于环境质量的要求也越来越高，日本福岛核事故等大型公共事件更是加大了公众对辐射环境的关注。生态环境部作为辐射环境管理职能部门，始终重视辐射环境监测领域的能力建设，因此建设覆盖全面的国家辐射环境监测网络（国控网）刻不容缓。截至目前，我国已经有500个辐射环境空气自动监测站投入运行，这些自动站构成了我国辐射环境空气自动监测的主体，并且随着生态文明建设的不断推进，其规模必将进一步扩大。

1.2.2 核与辐射应急监测需要

1.2.2.1 全球历次核事故教训惨重

在人类对核能利用历程中，除了日本广岛和长崎原子弹爆炸及历次地表核试验外，核武器生产和核能工业的几次重大事故也对公众和环境造成了不同程度的危害，对人类而言是惨痛的教训。1957年9月，苏联南乌拉尔山的Kyshtym发生军工生产高放废液储罐爆炸事件，约有1万人撤离高污染区。1957年10月，英国Sellafield生产军用钚的气冷堆中的天然铀和石墨慢化剂发生火灾，造成的Windscal事故导致了大量裂变产物如Xe、I、Ce和钋

(Po)等元素的释放。事故发生后,附近地区尽管控制了牛奶的饮用,但仍产生了较大的集体剂量。1979年3月,美国三哩岛核事故导致了核电厂反应堆堆芯的熔化,尽管因一回路和安全壳的完整性得到了保证,几乎全部裂变产物都滞留在了安全壳内,释放到环境中的放射性物质导致的集体剂量小于40人·Sv,放射性影响相对微弱,但事故造成了核电机组报废,经济损失和社会影响巨大。

1986年4月,发生于苏联乌克兰的切尔诺贝利核事故,是众所周知的一次灾难性事故。该事故因爆炸和石墨火灾将相当大量的放射性物质释放到了环境中,导致了30位工作人员在几天或几周后死亡,另有100多人受到辐射损伤。事故期间有11.6万人从核电厂周围撤离,而后又有约22万人撤离,在受到事故照射的儿童中发现大约1 800个甲状腺癌的病例(除此以外,尚无充分的科学证据能够说明总的癌症死亡率或与辐射有关的非恶性疾病有所增加)。切尔诺贝利核事故造成极严重的社会和公众心理影响,也给事故受影响地区造成重大经济损失。

1.2.2.2 自动监测手段不可或缺

1999年9月30日上午,日本核燃料处理公司(JCO)发生临界事故,其周围不同方向有5个环境γ辐射监测点,距JCO 1.4~11 km不等,都配备有5.08 cm×5.08 cm的NaI(Tl)γ谱仪和电离室。事故发生后几分钟,位于南面1.4 km的监测点的探测器自动启动,γ吸收剂量率升高到0.4 μGy/h,持续达2 min,以后随放射性烟羽的扩散和方向变化,其他几个监测点均陆续监测到由JCO事故引起的γ辐射及变化。10月1日6:00,核临界终止后监测点剂量率恢复到正常,γ吸收剂量率最高值出现在往南1.4 km处的Funaishikawa,为3.2 μGy/h。这次核事故在国际原子能机构(IAEA)制定的核事故分级表上被列为4级,即属无明显场外污染的核事故,对环境有少量释放,对公众有小部分规定限值内的照射。在这次事故中,γ辐射连续监测系统发挥了重要作用。

从环境监测的角度来看,对核电站的异常排放及事故情况下的剂量估计和快速警报,毫无例外均需对核电站外环境实施连续实时监测才能实现。通常这类排放最先发生在气态流出物中,因此对气态流出物的总放射性(包括γ辐射剂量率)实行连续实时监测,是世界各国技术发展的重点。对核电站气态流出物的实时连续监测方法包括对放射性惰性气体的γ辐射剂量率、气溶胶中人工放射性核素、总β放射性或核电站排放的特征裂变放射性核素I进行监测。发达国家已能做到对以上内容全部实施连续实时监测。

在以上方法中,对核电站排放的放射性惰性气体的γ辐射剂量率进行监测是应用最广泛的一种手段,在大型核设施周围(如核电站)一般都建有环境γ辐射连续实时监测系统。

1.2.3 辐射自动监测在国际上普遍开展

国外的辐射环境也是伴随着核电的发展而发展起来的,特别是在切尔诺贝利核事故后,国外对辐射环境监测提高了重视,辐射环境监测关键技术的研究得以深入开展,无论是政府还是核电企业,每年都组织了大量的人员进行环境辐射监测工作,一些重要的辐射监测基础设施得以逐步完善,并形成了具有一定规模的辐射环境监测网络,使其可以随时了解境内的辐射环境状态，并通过数据交换平台了解其他国家的环境辐射水平，为环境质量评价和应急决策提供支持，为核能发展提供保障。IAEA 和欧共体委员会（CEC）在切尔诺贝利核事故发生后，都建立了一套可满足及早报警和信息交换需要的体系。IAEA 建立的体系是由 1986 年生效的《及早通报核事故公约》和《核事故或辐射紧急情况援助公约》组成的。CEC 建立的系统是在 1987 年 1 月 14 日由议会决议制定的，即后来的欧共体紧急放射学信息交换（ECURIE）体系。由于这两个体系的目的和要求大多数是相同的，IAEA 和 CEC 决定尽可能使两种体系相互一致以减少重复工作，尤其是在刚发生事故的一段关键时间内。IAEA 和 CEC 的该项合作形成了共同的信息结构协定（CIS），这是一个可传输放射学数据的编码系统。切尔诺贝利核事故的发生推动了区域性在线监测网络的发展和国内及国家之间数据快速传输的改进，以及长距离输运模式的快速发展。与此同时，世界各国也都提高了对核与辐射环境监测的重视。美、德、法、日等发达国家率先建立了全国范围的环境辐射监测网络。随后，很多国家也建立了全国性的监测网络，与国家数据库在线相连，提供重要的核环境安全基础数据。近几年，发达国家对环境辐射监测的投入明显加大，如美国环境保护局的 ERAMS（Environmental Radiation Monitoring System）网络现在已发展成 RAD-NET 网络环境测量研究所实验室的地表空气采样（SASP）监测网、全球监测网（GNS），在世界各地建有自动监测站，包括南极洲，还有美国核管制委员会（NRC）的核电站周围外剂量监测网；法国核安全与辐射防护研究院（IRSN）的“TELERAY”连续自动监测网络，现在已实现欧洲联网；德国的全国监测与信息系统（IMIS），包括在线网络部分和实验室部分等。

丹麦、爱沙尼亚、芬兰、德国、冰岛、拉脱维亚、立陶宛、挪威、波兰、俄罗斯联邦、瑞典都设置了自动 γ 辐射连续监测站。上述所有国家都组成了自动 γ 辐射监测网络。自动 γ 辐射监测站形成了国家级早期预警系统的极重要的部分。这些监测站构成了一个快速有效、灵敏的总 γ 辐射监测网。它们可以监测地面上的总 γ 辐射水平，而且也有可能测量到从该区域经过的放射性烟云，因此可以提供早期预警以及在正常环境下的辐射数据与应急状态的响应期和后期的辐射数据。此外，日本、印度、法国、德国巴伐利亚州、瑞士、英国、乌克兰和白俄罗斯等也都建立了自动 γ 辐射监测网。国家级自动 γ 辐射监测网之间也有很大的不同，比如所使用的探测器的类型及其动态范围、监测周期、氡（Rn）的补偿和报警原则都有差异。在很多情况下，半自动或者人工监测站可作为自动连续监测网的补充。这些自动连续监测网对事故预警预报起到了重要作用。

美国核电站环境监测采用“双轨制”的原则，即由地方政府部门与核电站厂方同时对核电站环境进行监测。监测系统包括实验室监测系统、现场监测系统、流出物监测系统及中央计算机与通信系统。其中，现场监测系统一般配备有 γ 辐射剂量率连续监测系统、信号传输系统、气溶胶采样装置以及热释光剂量计。

日本建有核电站的县设有一个政府主管的全面负责核电站周围地区环境监测的单位，由该单位统一布置采样、监测，并定期发布监测结果。此外核电站本身所属公司也有自己的环境监测站和采样点，它同政府监测机构相互配合，相互监督。厂区设立气象站，测量风向、风速、降雨量、气温和大气稳定度等气象要素。核电站的环境监测重点在厂区周围，监测点一般设定在厂区边界上，连续测量 γ 辐射水平，超过限值时在主控室有显示和报警。

参考文献

[1]　国家环境保护总局. 中国环境天然放射性水平[M]. 北京:原子能出版社,1995.

[2]　陈前远,杨维耿,赵顺平,等. 我国开展的辐射环境水平调查现状与展望[J]. 辐射防护,2021,41(06):481-487.

[3]　生态环境部. 辐射环境监测技术规范:HJ 61—2021[S]. 北京:中国环境科学出版社,2021.

[4]　核工业标准化研究所. 核电厂环境放射性本底调查技术规范:NB/T 20139—2012[S]. 北京:原子能出版社,2012.

[5]　刘华,罗建军,马成辉,等. 第一次全国污染源普查伴生放射性污染源普查及结果初步分析研究[J]. 辐射防护,2011,31(06):334-341.

[6]　H LIU,Z PAN. NORM situation in non-uranium mining in China[J]. Annals of the ICRP, 2012,41(3-4):343-351.

[7]　浙江省辐射环境监测站. 东、南海近岸海域环境综合调查环境放射性调查专题报告[R]. 杭州,1995.

[8]　卓维海. ICRP2007 建议书对氡照射及其控制应用的讨论[C]//第三次全国天然辐射照射与控制研讨会论文汇编. 包头:中国环境科学学会核安全与辐射环境安全专业委员会等,2010:25-27.

[9]　全国居室氡调查课题组. 我国部分城市居室氡浓度水平调查研究[C]//第三次全国天然辐射照射与控制研讨会论文汇编. 包头:中国环境科学学会核安全与辐射环境安全专业委员会等,2010:247-258.

[10]　卓维海,王喜元,金元. 我国 9 个城市室内的氡浓度水平[C]//第三次全国天然辐射照射与控制研讨会论文汇编. 包头:中国环境科学学会核安全与辐射环境安全专业委员会等,2010:275-278.

[11]　杨维耿,宋剑锋. 浙江省室内氡水平抽样调查[C]//第三次全国天然辐射照射与控制研讨会论文汇编. 包头:中国环境科学学会核安全与辐射环境安全专业委员会等,2010:298-303.

[12]　周智. 中国辐射环境监测及浅析[J]. 中国科技博览,2013(37):524-525.

[13]　中国核能发展与展望[EB/OL]. (2021-08-26)[2023-09-30]. https://www.china-nea.cn/site/content/39559.html.

[14]　International Atomic Energy Agency. Programs and systems for source and environmental radiation monitoring: IAEA safty reports series No. 64[R]. Vienna: IAEA,2010.

[15]　全国核电运行情况(2022 年 1-12 月)[EB/OL]. (2023-02-03)[2024-06-25]. http://www.heneng.net.cn/home/gc/infotwo/id/69513/sid/9/catId/176.html.

第 2 章　国际上辐射自动监测站的建设现状及展望

2.1　国际辐射监测信息系统

2.1.1　系统由来

在福岛第一核电站事故(2011 年 3 月)的响应行动期间,国际原子能机构事故和应急中心(IEC)负责管理、协调和共享来自不同组织的大量数据。这个任务强调在紧急情况下需要有一个能够共享大量辐射监测数据的系统。国际辐射监测信息系统(简称 IRMIS)是 IAEA 根据从福岛第一核电站事故中吸取的教训建立的,目的是加强核紧急情况期间的报告和信息共享。

2.1.2　系统组成

IRMIS 由 IAEA 开发,旨在为主管当局、IAEA 和其他国际组织提供一个基于客户端服务器的网络应用程序,用于共享和可视化大量辐射监测数据。这些数据有助于各国在紧急情况下采取适当的保护措施。IRMIS 通过提供网络应用程序来支持《及早通报核事故公约》的实施,以便在核或辐射紧急情况时报告、分享、可视化和分析大量环境辐射监测数据。IRMIS 是一个能在辐射水平存在明显偏差或者监测到超出常规水平的值的时候自动报告的预警系统。此外,IRMIS 提供的可视化功能的配置有助于成员国在核或辐射紧急情况下观察到 γ 辐射剂量率升高,表明有必要采取保护公众的措施。IRMIS 是一个在线工具,主管当局可以获取有关所有紧急情况的信息,小到丢失的放射源,大到全面的核紧急情况。

IRMIS 上发布的辐射监测数据包含两种类别:常规数据和紧急数据。

2.1.2.1　常规数据

IRMIS 成员在自愿的基础上,定期提供固定监测站的辐射剂量率数据,以确保在紧急情况下有效地报告这些数据。IRMIS 还提供了一种在紧急情况的早期阶段可以及时报告固定监测站测量结果的机制。

常规数据通常通过商定的程序进行报告,授权报告数据的组织将以国际辐射信息交换(IRIX)格式,通过其国家主管的安全数据服务器或者区域中心(如欧洲辐射环境实时监数据交换平台(EURDEP))提供。IRMIS 通常从服务器中检索辐射监测数据,其中 EURDEP 提供了大量欧洲监测数据并将其上传到系统中。IRMIS Web 应用程序以一个小时为周期连续提取大量数据,并给出了若干空间密闭固定监测站的吸收剂量率的最大合计值。

报告的数据类型、报告周期、常规数据(如上所述)由各会员国、各国主管当局、各 IRMIS 数据提供者自行决定。

2.1.2.2　紧急数据(基于事件)

在紧急情况下,通过临时固定站、手持测量设备或移动监测系统(背包、车辆或空中系统)自动记录的剂量率数值、位置和时间信息可报告给 IRMIS。IRMIS 中设计了一个网络接口,授权用户可通过该接口以 IRIX 格式或者使用预先格式化的电子表格模板将紧急数据上传到 IRMIS 中。这些数据随后由 IAEA 事故和应急中心审查并在 IRMIS 上公布。

2.1.3　成员国家

由《及早通报核事故公约》和《核事故或辐射紧急情况援助公约》正式指定的,符合《事故和紧急通信操作手册》中规定的操作安排的所有国家主管当局,有权通过 IRMIS 报告日常情况下和紧急情况下的数据。EURDEP 各成员国监测点的数量、分布和获取数据平均时间见表 2-1。

表 2-1　EURDEP 各成员国监测点的数量、分布和获取数据平均时间

介质	分析项目	频率	监测的国家	采样点数量
环境 γ	环境 γ 辐射剂量率	连续	11 个成员国及荷兰、罗马尼亚	从 4 个(冰岛)到约 1 800 个(德国)
	γ 能谱分析		丹麦、爱沙尼亚、德国、波兰	
空气	γ 能谱/^{137}Cs(^{7}Be)	大多数国家每周 1 次。整个范围从每天到每月	11 个成员国及荷兰、罗马尼亚	从 1 个(冰岛)到 52 个(德国、俄罗斯)
	总 α		德国、波兰、荷兰	
	总 β		芬兰、德国、波兰、俄罗斯、荷兰、罗马尼亚	
	α 能谱		德国	
	^{210}Pb		芬兰	
	^{210}Po		芬兰	
	^{90}Sr		德国、俄罗斯	
	^{85}Kr 和 ^{133}Xe、^{135}Xe		德国	
	^{131}I		丹麦、德国、俄罗斯	
	^{238}Pu、^{239}Pu、^{240}Pu、		俄罗斯	

表 2-1(续 1)

介质	分析项目	频率	监测的国家	采样点数量
沉降物	γ 能谱/^{137}Cs(^{7}Be)	通常每月 1 次,但范围从每周(德国、荷兰)到每年 1 次(丹麦)	丹麦、芬兰、德国、冰岛、波兰、俄罗斯、瑞典、荷兰、罗马尼亚	从 1 个(荷兰)到 410 个(俄罗斯)
	总 β		德国、立陶宛、波兰、俄罗斯、荷兰、罗马尼亚	
	^{90}Sr		丹麦、芬兰、德国、波兰、俄罗斯	
	氚		丹麦、芬兰、德国、俄罗斯、荷兰	
	α 能谱		德国	
	总 α		荷兰	
	^{210}Po		荷兰	
	^{210}Pb		荷兰	
土壤	γ 能谱/^{137}Cs	从每年 1 次(德国、罗马尼亚)到每 10 年 1 次(挪威)	丹麦、德国、拉脱维亚、挪威、波兰、俄罗斯、罗马尼亚	从 2 个(拉脱维亚)到大约 450 个(挪威)
	^{90}Sr		丹麦、德国	
	总 β		俄罗斯、罗马尼亚	
	^{226}Ra		波兰	
	^{228}Ac		波兰	
	^{40}K		波兰	
地表水	γ 能谱/^{137}Cs	从每月 1 次(德国、罗马尼亚、俄罗斯)(荷兰每周或每月)到每 3 年 1 次(挪威)	丹麦、爱沙尼亚、芬兰、德国、拉脱维亚、立陶宛、挪威、波兰、俄罗斯、瑞典、荷兰、罗马尼亚	从 1 个(挪威)到 47 个(俄罗斯)
	^{90}Sr		丹麦、芬兰、德国、立陶宛、波兰、俄罗斯	
	总 α		德国、拉脱维亚、瑞典、荷兰	
	总 β		德国、拉脱维亚、瑞典、荷兰、罗马尼亚	
	总 γ		德国	

表 2-1(续 2)

介质	分析项目	频率	监测的国家	采样点数量
地表水	α 能谱	从每月 1 次(德国、罗马尼亚、俄罗斯)(荷兰每周或每月)到每 3 年 1 次(挪威)	德国(总 α 超过 0.5 Bq/L)	从 1 个(挪威)到 47 个(俄罗斯)
	^{3}H		德国、拉脱维亚、俄罗斯、荷兰	
	^{222}Rn		拉脱维亚	
	^{234}U/^{238}U		瑞典	
	^{226}Ra		瑞典	
	^{210}Pb		1 个观察员国(荷兰)	
淡水生物	γ 能谱/^{137}Cs	每年 2 次(德国、波兰),每 1~3 年 1 次(挪威)	德国、挪威、波兰	挪威约 20 个,波兰 34 个,德国更多
	^{90}Sr		德国	
淡水沉积物	γ 能谱/^{137}Cs	从每月 1 次(俄罗斯和德国)到每 4 年 1 次(挪威)	德国、立陶宛、挪威、波兰、俄罗斯	从 1 个(挪威、俄罗斯)到 18 个(波兰),德国未知(德国每个州抽样最多 20 个)
	^{90}Sr		立陶宛	
	^{238}Pu、^{239}Pu、^{240}Pu		波兰	
海水	γ 能谱/^{137}Cs	每月/季度(荷兰) 每月/每年(德国) 每年(爱沙尼亚、芬兰、拉脱维亚、波兰)	丹麦、爱沙尼亚、芬兰、德国、冰岛、拉脱维亚、立陶宛、挪威、瑞典、荷兰	从 2 个(拉脱维亚)到 40 个(德国)
	^{90}Sr		丹麦、芬兰、德国、立陶宛、挪威、俄罗斯、荷兰	
	^{99}Tc		丹麦、冰岛、挪威	
	^{3}H		德国、荷兰	
	^{239}Pu、^{240}Pu		丹麦、挪威	
	^{226}Ra		挪威、波兰	
	^{237}Ne		丹麦	
	总 γ		德国	
	α 能谱		德国	
	总 α		荷兰	
	剩余 β		荷兰	
	^{241}Am		挪威	
	^{210}Po		挪威	
	^{210}Pb		荷兰	

表 2-1(续 3)

介质	分析项目	频率	监测的国家	采样点数量
海洋生物	γ 能谱/^{137}Cs	大多数国家每年 1 次(德国每年 2 次、冰岛和丹麦每年 4 次)	丹麦、爱沙尼亚、芬兰、德国、冰岛、立陶宛、挪威、波兰、瑞典	从 2 个(爱沙尼亚)到 20~40 个(挪威)
	^{90}Sr		德国、立陶宛	
	^{99}Tc		丹麦、挪威	
	^{210}Po		丹麦、挪威	
	α 能谱		德国	
	^{239}Pu、^{240}Pu		挪威	
	^{226}Ra		波兰	
海洋沉积物	γ 能谱/^{137}Cs	大多数国家每年 1 次(立陶宛每年 4 次、挪威每 3 年 1 次)	丹麦、爱沙尼亚、芬兰、德国、拉脱维亚、立陶宛、挪威、波兰、俄罗斯、瑞典	从 1 个(爱沙尼亚)到 20 个(瑞典)
	^{90}Sr		立陶宛、波兰	
	^{239}Pu、^{240}Pu		挪威、波兰	
	^{226}Ra		波兰	
	^{40}K		芬兰	
饮用水	γ 能谱/^{137}Cs	大多数国家每年 2~4 次(罗马尼亚每月 1 次,丹麦每年 1 次,荷兰每年 1~27 次)	丹麦、爱沙尼亚、芬兰、德国、拉脱维亚、波兰、瑞典	从 2 个(爱沙尼亚)到 200 个(荷兰)
	^{90}Sr		丹麦、爱沙尼亚、芬兰、德国、波兰、瑞典	
	^{3}H		丹麦、爱沙尼亚、芬兰、德国、拉脱维亚、立陶宛、瑞典、荷兰	
	$^{226}Ra/^{228}Ra$		爱沙尼亚、瑞典(仅^{226}Ra)	
	α 能谱		德国	
	总 α		拉若薇亚、立陶宛、瑞典、荷兰	
	总 β		拉脱维亚、立陶宛、瑞典、荷兰、罗马尼亚	
	^{222}Rn		拉脱维亚	
	$^{234}U/^{238}U$		瑞典	

表 2-1(续 4)

介质	分析项目	频率	监测的国家	采样点数量
牛奶	γ 能谱/^{137}Cs	通常每年 4 次,某些地点每月 1 次(德国、冰岛、立陶宛的某些地点)(挪威在夏季每周 1 次)	丹麦、爱沙尼亚、芬兰、德国、冰岛、拉脱维亚、立陶宛、挪威、波兰、瑞典、荷兰	从 3 个(爱沙尼亚、冰岛、拉脱维亚)到 34 个(波兰)。德国未知,每个州最多 21 个站点
	^{90}Sr		丹麦、爱沙尼亚、芬兰、德国、拉脱维亚、立陶宛、挪威、波兰、瑞典	
	^{40}K		爱沙尼亚、立陶宛	
	总 α		立陶宛	
	总 β		立陶宛	
食品	γ 能谱/^{137}Cs	蔬菜作物和家畜肉类通常每年 1 次;婴儿食品每月取样(德国)	丹麦、爱沙尼亚、芬兰、德国、冰岛、拉脱维亚、立陶宛、挪威、波兰、瑞典、荷兰	与国家和取样食品类型有关
	^{90}Sr		丹麦、芬兰、德国、拉脱维亚、立陶宛、波兰	
	^{40}K		爱沙尼亚、立陶宛	
	总 α		立陶宛	
	总 β		立陶宛	
混合膳食(医院、厨房收集的;或者从市场上收集原料并将其混合,代表平均饮食)	γ 能谱/^{137}Cs	每月(立陶宛) 每年(丹麦、芬兰)	丹麦、爱沙尼亚、芬兰、德国、拉脱维亚、立陶宛、波兰、瑞典	从 1 个(拉脱维亚、立陶宛、波兰)到 9 个(丹麦)
	^{90}Sr		丹麦、爱沙尼亚、芬兰、德国、拉脱维亚、立陶宛、波兰、瑞典	
	^{40}K		爱沙尼亚、立陶宛、瑞典	
	总 α		立陶宛	
	总 β		立陶宛	

表 2-1(续 5)

介质	分析项目	频率	监测的国家	采样点数量
指示生物(丹麦和罗马尼亚:草地;德国:非食用或饲料用的植物、地衣、食肉动物、蚯蚓等)	γ 能谱/^{137}Cs	一般每年 1 次; 丹麦、罗马尼亚的草地每周 1 次; 挪威的蚯蚓每 5 年 1 次	丹麦、德国、挪威、罗马尼亚	从 1 个(丹麦)到 50 个(德国)
	^{90}Sr		丹麦	
	总 β		罗马尼亚	
污水	γ 能谱/^{137}Cs	芬兰:每年采样和测量 4 次; 德国:连续或随机采样,γ 能谱每年 4 次,^{90}Sr 和 α 每年 2 次	芬兰、德国	芬兰:1 个 德国:10 个(^{90}Sr 和 α 能谱为 2 个)
	^{90}Sr		德国	
	α 能谱		德国	

注:表中 Be 为铍,Pb 为铅,Po 为钋,Sr 为锶,Kr 为氪,Ra 为镭,Ac 为锕,K 为钾,Tc 为锝,Am 为镅。

2.2 欧洲的辐射环境自动监测

2.2.1 欧洲辐射环境监测数据交换系统

2.2.1.1 系统由来

自 1986 年 4 月切尔诺贝利核事故以来,欧盟一直致力于从不同国家网络监测系统处收集常规环境辐射监测数据,同时加强了核事故辐射监测数据交换平台和预警系统的建设,在欧洲各国辐射环境监测网络的基础上开发了 ECURIE 和 EURDEP。EURDEP 于 1995 年创建,由欧洲委员会下属联合研究中心(DG-JRC)和辐射防护组织(DGTREN H.4)联合开发,用于接收和发送欧洲各国(包括欧盟成员国和非欧盟成员国)辐射环境监测网络的数据,使人们能够快速实时了解全欧洲的辐射环境信息,并提供大多数欧洲国家的辐射监测数据,这些数据几乎是实时报告的,可在核事故应急时发挥作用。

2014 年,EURDEP 根据《核事故或放射性紧急情况(ENAC)早期通知和援助公约》的规定,开始向 IRMIS 提交欧洲放射性数据。

通过这种方式,EURDEP 确保欧洲区域对 IRMIS 的作用。

2.2.1.2　系统组成

EURDEP 网络中心位于意大利伊斯普拉市的欧洲委员会联合研究中心。除此之外，EURDEP 还在德国弗赖堡市设有镜像站点。截至 2006 年，EURDEP 共有 30 个成员国，这些成员国大部分是建有内陆核电厂的国家，包括无出海口的内陆国，如瑞士、捷克。

EURDEP 可以与核事故应急大气扩散研究程序（ENSEMBLE）系统相结合，用于研究核事故时放射性物质的大气迁移。

EURDEP 网络目前被 39 个欧洲国家用于实时地与其国家放射性监测网络持续交换数据，包括约 5 500 个监测点。

2.2.2　波罗的海国家理事会

2.2.2.1　组织简况

波罗的海国家理事会（CBSS）成立于 1992 年，其目的是进一步加强波罗的海沿岸地区的合作，由丹麦、爱沙尼亚、芬兰、德国、拉脱维亚、立陶宛、挪威、波兰、俄罗斯和瑞典组成，后来冰岛和欧洲委员会也加入其中，2022 年俄罗斯宣布将退出 CBSS。此外，白俄罗斯、法国、意大利、荷兰、罗马尼亚、斯洛伐克、西班牙、乌克兰、英国和美国担任 CBSS 的观察员国（observer states）。

2.2.2.2　总监测方案

CBSS 有多个专家组，专注于具体问题。其中 CBSS 核和辐射安全专家组（EGNRS）由成员国和观察员国的国家辐射当局代表组成。其主要任务为：

（1）收集波罗的海地区的核设施和废物信息；

（2）查明在波罗的海地区构成潜在危险的放射源；

（3）确定需要立即采取协调一致的补救措施的潜在核和放射性风险；

（4）对波罗的海区域核和辐射安全的各种项目进行评估和监测。

EGNRS 收集了各成员国和部分观察员国的辐射环境监测计划，总结出 16 类采样介质，分别为：环境 γ 辐射剂量率（连续测量）、空气、大气沉降物、土壤、地表水、淡水生物、淡水沉积物、饮用水（和/或地下水）、海水、海洋生物、海洋沉积物、牛奶、食品、混合饮食（全餐或平均饮食）、指示生物、污水。

2.2.3　法国

2.2.3.1　历史沿革

截至 2006 年底，法国共有 19 座商用核电厂，在役机组 58 个，总装机容量达到 63.1 GW。法国对辐射环境监测非常重视，由于其核电厂分布全国，且大部分为滨河核电厂，目前已在全国范围内建立了大气、水及其他介质的辐射环境监测系统。

2.2.3.2 监测网络组成

法国的辐射环境监测系统主要包括环境γ辐射剂量率监测网(TELERAY)、放射性监测站(OPERA)、河流自动取样监测网(HYDROTELERAY)、废水自动取样监测网(TELE-HYDRO)、大气气溶胶连续监测网(SARA),以及核电厂运营方设置的厂区及周围辐射环境监测网络。

(1)环境γ辐射剂量率监测网

从1991年开始,法国核安全局(ASN)委托其技术支持机构——法国辐射防护研究所(OPRI),于2002年与法国核安全研究所(IPSN)合并组成法国核安全与辐射防护研究院(IRSN)建设覆盖法国的TELERAY,并配备监测通信与控制系统。截至2007年,IRSN已在法国建立了180个监测站,其中9个布置在阿尔插进斯山脉和比利牛斯山脉的山顶,85个分布于法国下属各省,10个安装在巴黎市区和郊区,38个配置在核设施附近,14个位于大中城市的飞机场,此外还有24个位于海外省(DOM-TOMs)。各监测站采用的探测器均为GM计数管,剂量率测量范围为10 mGy/h~10 Gy/h。

TELERAY将所测数据发送到IRSN的网络中心(位于勒韦西内),并在网络公布,作为法国核能"透明"政策的内容之一,为公众提供全法国范围内的环境辐射信息。TELERAY同时也为EURDEP提供数据。TELERAY是核应急决策的有利辅助工具,是核事故应急干预的主要依据之一。

(2)放射性监测站

除了TELERAY外,IRSN还建设了37个OPERA。OPERA始建于1959年,当时主要针对大气中气溶胶和雨水的放射性进行测量,以确定核设施运行对环境造成的影响。随着法国核电的不断发展,OPERA的监测范围逐渐扩大,目前可以对大气、土壤、生物、河流、海洋进行常规辐射环境监测。

①大气。IRSN在法国共设了9个大气监测站,对大气中的气溶胶与雨水进行取样分析,其中7个位于法国境内具有气候代表性的地点,另外2个作为参考监测站分别设于位于西太平洋的法属波利尼西亚首府帕皮提市和位于印度洋的海外省。气溶胶取样周期为10 d,每次取样体积为75 000 m^3;雨水则采用1~5 m^2的雨水收集器按月收集。样品收集后通过γ能谱仪测量放射性核素浓度。重点关注的核素包括天然放射性核素^{7}Be、^{210}Pb和人工放射性核素^{137}Cs、^{134}Cs、^{60}Co和^{131}I。

②海洋。IRSN设置了19个海洋监测站,分布于法国大西洋、地中海沿岸以及英吉利海峡沿岸。其中在地中海沿岸共设9个(其中一个位于科西嘉岛南岸),在大西洋沿岸共设3个,在英吉利海峡沿岸共设7个。海洋监测站主要是针对沿海的核电厂和其他核设施进行设置的,同时作为对比还设置了若干参考点。各监测站一般按月取样,包括海藻、贝类和与海底沉积物有接触的鱼类,每次取样数量为4 kg。

③陆地。陆上OPERA共7个,主要分布于法国具有气候代表性的东南部和中部的农业耕作区、畜牧区。监测分析项目包括土壤、蔬菜、牧草、蘑菇、肉类、苔类植物、家畜饲料、奶类和干酪等。除了蘑菇为按年取样外,其他项目均为按季度取样。

④河流。目前有2个针对河流的OPERA,分别对法国的塞纳河和罗讷河河口进行监测

(分别位于鲁昂市和阿尔勒市,在罗讷河上游有4个核电厂)。最近IRSN拟在这两条河上增设若干参考监测点。监测站采取连续取样的方法取样,每次取样体积约数百升。将采得的水样进行过滤处理后,分别测量滤渣和过滤水中的放射性。河流监测站取样测量频次为15 d。

(3)大气气溶胶连续监测网

SARA也由IRSN负责建设,以实现对法国境内大气沉降灰(气溶胶)的连续监测。该网目前已有13个测点。

①SARA主要分析项目为α能谱(U、Pu、Cm等)、总α、总β(^{60}Co、^{137}Cs)以及Rn子体的浓度(^{212}Po、^{214}Po等)。各个测点均设有真空泵抽气取样,采用硅探测器进行连续测量。正常工作时,监测点每小时测量1次,如果发现异常升高,则自动调整为每10 min或1 min测量1次。

②SARA测量数据将被实时发送到IRSN的数据中心,为应急决策提供支持。

2.2.4　德国

2.2.4.1　历史沿革

在切尔诺贝利核事故后,德国加强了对环境放射性的监测,将核设施以及常规辐射环境监测纳入监管范围。

德国对核设施的监测采用“双轨制”,即政府与核电厂各自负责,其中作为政府部门负责的监测设施主要是核电厂远程监测系统(KFU)。另外,德国还建立了IMIS,对德国全境的辐射环境进行日常监测。

2.2.4.2　监测网络组成

(1)核电厂远程监测系统

KFU是德国在1977年贡德雷明根核电厂事故后开始建设的,用于监测核电厂周围环境中的放射性水平,由联邦环境、自然保护与核能安全部(BMU)总体负责。KFU对核电厂的环境监测采用分区布点法,即以反应堆为中心划分12个扇形区,并以2 km、10 km、25 km为半径划分3个环形区间,共构成36个扇形区间。KFU的测量项目包括惰性气体、气溶胶,以及空气中的碘。为了获取核电厂周围大气扩散的信息,KFU还配置了不同高度处的风速风向测量、雨量测量、大气稳定度测量等项目。这些测量数据可用于计算对公众造成的辐射剂量。除此之外,KFU监测的数据还包括电厂运行时的参数,比如核电厂系统压力、温度和厂房的剂量率水平等。KFU的监测与核电运营单位的监测互不重叠。由于德国核电厂大部分为内陆厂址,因而KFU对滨海与内陆厂址的考虑是一致的。

(2)全国监测与信息系统

1986年,德国制定了《辐射防护法》(StrVG)。该法规定联邦及各州具有进行辐射环境监测的义务。在此基础上,德国于1993年建立了针对环境放射性监测的IMIS,以快速获取德国全国范围内的环境辐射状况。IMIS是由联邦及各州政府控制的覆盖全国的辐射环境监测系统,其他机构也可共同参与。

IMIS 在全德范围内设置的 γ 辐射剂量率监测点共有 2 000 多个,参与监测的实验室和机构达 40 多个。德国 γ 辐射剂量率监测网络的特点有两个:一是密集;二是均匀。这反映了德国政府对辐射环境监测的重视以及对内陆地区(特别是内陆核电厂附近地区)的特殊关注。

在 IMIS 框架内,联邦政府负责对空气、沉降灰、土壤、水和沉积物的监测,州政府负责可能进入食物链的介质的监测,包括食品、动物饲料、肥料、药剂、日用品。IMIS 测量项目包括环境 γ 辐射剂量率、大气、雨水和水体中的放射性核素浓度。IMIS 各控制机构情况见表 2-2。

表 2-2 IMIS 各控制机构情况

控制机构	分析项目	位置
联邦渔业研究所(BfF)	鱼、鱼产品、海洋植物	汉堡
联邦海洋与水文办公室(BSH)	海水、海洋悬浮物和沉积物	汉堡
联邦水文研究所(BfG)	地表水、陆水悬浮物和沉积物	科布伦茨
联邦环保局(UBA)	网络	朗根
德国气象局(DWD)	空气、沉降灰	奥芬巴赫
联邦食品研究所(BfE)	食品	卡尔斯鲁厄
联邦辐射防护办公室(BIS)	核电厂排放的废气	慕尼黑
联邦物理技术研究所(PTB)	放射性数据	不伦瑞克
联邦辐射防护办公室(BfS)	饮用水、地下水、废水、下水道污泥、核电站排放废水	柏林
联邦辐射防护办公室(BfS)	监管采矿业放射性	柏林
联邦牛奶研究所(BAfM)	牛奶、奶制品、化肥、动物饲料、植物和土壤	基尔

所有的监测数据将被发送到位于纽贺堡的联邦辐射防护办公室的数据中心,经过分析处理后送交 BMU。IMIS 的监测数据也在网络上发布。

值得注意的是,除了 IMIS 外,有些州政府还设置了自己的辐射环境在线监测系统,比如拜思、黑森、汉堡等州,监测系统由各州指定的部门负责。

2.2.5 英国

2.2.5.1 历史沿革

英国是一个岛国,其所有核电厂(9 个核电厂)均为滨海核电厂。英国对整个国土的辐射环境监测特别是内陆地区的辐射环境监测都是比较重视的。切尔诺贝利核事故后,英国地方政府建立了各种辐射环境监测联盟,以评估环境中的辐射水平。这些联盟可以委托独立的监测机构包括大学、医院的监测机构或商业实验室,对辐射水平进行监测。

与法国、德国不同的是,英国对环境放射性的监测主要是由地方政府联合组织的,即地方辐射环境监测网(LARNET)。LARNET 是在切尔诺贝利核事故后开始设立的,其主要目标为:①为地方政府和组织提供辐射环境监测方面的建议和信息;②保证监测数据质量,收集全英国范围内的辐射环境数据并进行分析解释;③与政府部门或政府代理机构合作,建立辐射环境监测质量保证体系。

2.2.5.2　监测网络组成

(1)地方辐射环境监测网

LARNET 由北爱尔兰辐射环境监测组织(NIRMG,成立于 1985 年,下属成员单位共有 25 个,分布于北爱尔兰下属各个郡县)、南英格兰辐射环境监测组织(SERMG,始建于 1987 年,截至 2007 年已发展了 43 个地方政府成员,共有 10 个 γ 辐射剂量率连续监测点)、兰开夏郡放射性监测组织(RADMIL)、西苏格兰辐射环境监测组织(WSERMS)等共同组成,并最终为英国最高层次的辐射事故监测网(RIMNET)提供数据支持。

截至 2002 年,LARNET 的成员已发展到 150 个,包括 18 个组织和 13 个独立监测单位,从而形成了覆盖全英国的监测网络。

LARNET 通过定期提供信息和建议、发表监测数据和质量保证年报、召开会议等方式来实现其设立的目标。其获得的数据可以发送到 RIMNET 的数据处理中心,供政府部门决策。

NIRMG 职责为监测北爱尔兰附近海域水生物和底泥的放射性水平(主要是^{137}Cs、锕系元素、^{99}Tc)和监测北爱尔兰陆上介质的放射性水平,为公众提供环境放射性水平的信息,并在核应急时可以提供监测服务。NIRMG 每 3 年发表 1 份报告,公布监测数据,并发布于网络上。

SERMG 建设初期的目的是监测切尔诺贝利核事故对南英格兰地区的环境影响,现在已用于对该地区的辐射环境进行常规监测,以评估位于法国北部(5 个反应堆、1 个核燃料处理厂、1 个核潜艇基地)和南英格兰区域内核设施对环境辐射的影响,并且在发生辐射事故或核事故时提供监测服务。

该组织与南安普敦大学建立了合作关系。SERMG 提供的监测服务有两种:一是在南安普敦大学实验室直接测量并分析地方政府机构收集的样品的放射性水平,主要包括总 α、总 β 和 γ 能谱分析;二是现场连续监测环境中的 γ 辐射剂量水平。SERMG 每年均发表年报,公布当年的监测结果,并在网络上进行发布。

(2)核电厂运营单位监测

除了政府部门组织的监测网络外,英国的核电厂运营单位也建立了辐射环境实验室,配备各种监测仪器,负责核电厂周围 15~40 km 范围内的辐射环境监测,在核事故应急时为 RIMNET 补充数据。

2.2.6　比利时

2.2.6.1　历史沿革

比利时的辐射环境监测由其联邦核管机构(FANC)负责。比利时的主要能源是核能

(占54%),共2个核电厂(其中一个为河口厂址,一个为内陆滨河厂址),7台核电机组,且周边国家(法国、德国、英国)的核电厂较多,因此比利时对辐射环境监测十分重视。比利时已于1998年建立了完善的辐射环境监测网络——TELERAD。

2.2.6.2 监测网络组成

TELERAD目前共包括212个监测站,其中大部分位于核电厂周围和比利时核研究中心、比利时放射元素研究所周围。比利时在这些核设施周围一般设置了较高密度的监测点,此外在法国舒兹核电厂靠近比利时的边境线上也设置了较高密度的监测站点。

比利时的辐射环境监测方式为在核设施周围设置较密的监测点,并将其纳入国家辐射环境监管网络;同时在核设施较少的省份设置较稀的监测点,这样布设的监测点既有重点,又较全面。TELERAD网络监测点监测项目主要包括对空气中γ辐射剂量率的在线监测、对气溶胶取样的自动监测、对河流放射性的在线取样监测(γ能谱)。

2.2.7 瑞士

2.2.7.1 历史沿革

瑞士目前有4个核电厂,共5台机组。与法、德、英等国相比,瑞士是内陆国家,因而其建设的核电厂完全为内陆核电厂。瑞士对辐射环境监测亦很重视,建设了多个辐射环境监测网络以开展环境管理。

2.2.7.2 监测网络组成

(1)剂量章自动报警和监测网络(ERAMS)

该网络由瑞士国家应急运行中心(NEOC)管理,目前已有58个γ辐射剂量监测点,巡访时间为10 min,报警域值为1 mSv/h。

(2)核电厂周围的辐射环境监测网络(MADUK)

该网络由瑞士联邦核安全监督局(HSK)负责,目前共有57个站点,每个都位于核电厂5 km范围以内。该系统同时安装了预警系统,监测数据同步发送到NEOC。

(3)原子报警站(AWP)

目前该网络共有108个站点,主要位于疆界、警局和消防局附近。其设备主要是手持式测量仪器,在必要时可由NEOC调动。监测网点数据可以作为ERAMS的补充。

(4)空气收集网络

瑞士还在全国范围内建立了空气收集网络,由瑞士公众安全办公室(SFOPH)下属的辐射监测处(SUeR)负责。该网络包括两种,即RADAIR和LUSAN。RADAIR可以监测大区域范围内的空气放射性,目前共有11个连续取样监测站点,主要采用过滤法收集空气气溶胶和碘,采集的气溶胶可用于在线监测α、β放射性,同时可用于计算人工核素的比例。这些站点主要位于国家疆界,所测数据将被实时发送到位于弗赖堡的基站,NEOC具有接收该网络数据和报警的权限。LUSAN网络则仅是一个气溶胶收集的网络,仅由SFOPH负责。

2.3　美国的辐射环境自动监测

2.3.1　历史沿革

美国环境辐射监测体系的建设始于第二次世界大战(简称“二战”)期间,随着时代的发展而不断完善。二战期间,为了制造原子弹,美国在汉福德建造了军用钚生产堆。由于钚生产过程中可能存在放射性物质并向环境的泄漏,激发了人们关于环境辐射监测及管理建设的意识。1986 年的切尔诺贝利核事故凸显了建设辐射监测网的必要性。2011 年的日本福岛核事故给辐射监测提出了新要求,使之突破了纯技术的范畴。

2.3.2　监测体系

美国的辐射环境监测体系可分为 3 个层次,即美国联邦机构、州(或市)政府与环保部门,以及民间团体或个人。各层次监管机构相对独立。美国联邦机构对联邦政府负责,各州(或市)政府与环保部门的监管机构对州(或市)政府与环保部门负责,民间团体或个人的监测体系及监测报告由核管理委员会(NRC)统一管理。下面对几个主要的联邦监管机构进行介绍。

2.3.2.1　能源部

能源部(DOE)成立于 1974 年,最初为能源研发核发展管理局(ERDA),负责制定国家能源政策,建立了可连续自动监测的社区环境监测计划(CEMP),以监测核试验场产生的空气气溶胶中的人工放射性核素。

2.3.2.2　核管理委员会

核管理委员会(NRC)成立于 1974 年,原为原子能委员会(AEC),负责对核反应堆、核原料、核废物等领域的许可证持有者实施监管,保护公众健康免受核能相关的安全问题的影响,并为此建立较为完善的辐射监测法律法规与技术体系,以及国家放射源跟踪系统(NSTS)数据库。

2.3.2.3　环保局

环保局(EPA)成立于 1970 年,取代卫生部门来管理水质、监测空气、评估辐射风险、制定标准并与公众沟通。1973 年,原卫生、教育与福利部(HEW)建立的巴氏牛奶监测网(PMN)、氚监测系统(TSS),以及原子能委员会建立的辐射警报网(RAN)被并入环保局的辐射监测网。从 20 世纪 80 年代开始,辐射监测成为环保局的工作重点之一。

环保局下设2个专门的办公室,即空气和辐射办公室(OAR)及辐射与室内空气办公室(ORIA)。前者负责控制空气污染和辐射照射的国家计划、政策、法规的制定;后者负责保护公众和环境免于辐射和室内空气污染的风险,协调环保局不同部门,并与其他联邦、州、市和非政府组织一起执行辐射防护任务,同时负责编制准则、标准、指南、政策和计划,通过环保局区域办事处为本区域相关机构提供技术支持,指导辐射监测计划,支持核与辐射应急响应,评估辐射与室内空气污染整体风险和影响。

2.3.2.4 国土安全部

国土安全部(DHS)成立于2002年,负责保护国土安全及相关事务,于2003年接管了美国环境测量研究所(EML)。该研究所成立于1977年,负责对核素迁移和辐射剂量监测进行广泛研究,重点承担环境监测及核设施退役、去污和修复工作。该研究所还在辐射测量规划、数据质量、放射性核素背景水平、辐射剂量模型、测量技术和数据评估方面提供研究和咨询服务,并参加到全球监测网络中。该研究所于2009年更名为国家城市安全技术所(NUSTL)。

2.3.2.5 其他

其他联邦机构包括地质调查局(USGS),负责勘查地质矿产并收集资料;鱼类与野生动物服务局(USF-WS),负责对鱼类、野生动植物和自然栖息地的管理;国家海洋及大气管理局,负责对海洋及沿海资源的保护等。州级机构包括各州或各市的环境质量委员会、环保局、卫生局等。民间团体或个人包括大学实验室、服务性技术公司等。根据核管会的规定,核电厂必须建立辐射监测体系,定期监测并提交报告。

2.3.3 监测网络组成

美国目前共开设有3个辐射监测网,分别是全球监测网、国家监测网和地区监测网。全球监测网由国土安全部国家城市安全技术所主管。国家监测网 RadNet(即以前的 ERAMS)由环保局主管。地区监测网在能源部的支持下建成,仅对包括内华达州、犹他州及加利福尼亚州在内的部分地区进行监测。

2.3.3.1 全球监测网

1960年,当时的环境测量研究所建立了遍布全球的100多个沉降灰采样站点。随着监测项目的不断拓展,目前的采样工作主要包括全球辐射计划、地表空气采样计划、落下灰监测计划、高海拔采样计划、远程大气测量计划、氡测量计划、食品及骨骼样品监测等。

2.3.3.2 国家监测网

环保局的国家监测网 RadNet 建立于1973年,由环保局合并了当时卫生部门已有的几个辐射监测网而来,原名环境辐射监测系统。其发展历程见表2-3。

表 2-3　美国国家监测网(RadNet)的发展历程

时间/年	重大事件
1945—1980	在此期间,美国、苏联、英国、法国和中国进行了约 407 次地上核爆试验。1976 年之后,RadNet 提供了核武器试验和探测到的环境放射性物质的释放信息
1956	建立 RAN,为空气中的辐射沉降物和沉积物提供早期警报。1973 年,RAN 并入 RadNet,当时含有分布全美的 68 个取样站点
1960	HEW 建立 PMN,监测人类食物链中的辐射沉降物。1973 年,PMN 并入 RadNet,当时含有全美分布的 63 个取样站点
1964	HEW 建立 TSS,监测降水及主要河流系统在一些核设施下游的氚浓度。1973 年,TSS 并入 RadNet,当时含有 8 个监测站点
1967	TSS 将监测面扩大至饮用水和表面水,在并入 RadNet 前共有 68 个饮用水取样站点和 39 个表面水取样站点
1978	终止了对空气中 Kr 的监测
1979	开始发布电子版 RadNet 数据,包含 RadNet 实验室信息管理系统中的个别样本分析结果;终止了对牛奶中 ^{3}H 的监测
	发生三哩岛核事故,冷却故障导致反应堆中部分堆芯熔化,放射性物质有限外泄。RadNet 处于警备状态
1982	开始对饮用水中 U 和 I 进行监测
1985	终止对牛奶中 Pu 的监测
1986	发生苏联切尔诺贝利核事故,爆炸和火灾导致大量放射性物质外泄。RadNet 处于警备状态,公布环境放射性水平上升的监测数据
1987	终止对牛奶中 ^{14}C 的监测
1996	终止对降水中 U 和 Pu 的监测
1999	终止对表面水的取样监测
	日本东海 U 回收处理设施发生核临界事故,导致少量放射性物质外泄。RadNet 处于警备状态
2002	RadNet 的样本数据可在 EPA 网站上获取
2005	ERAMS 更名为 RadNet,系统升级,开始进行实时空气监测,新设立了空气监测站点和可移动监测站
2011	发生日本福岛核事故,地震和海啸造成放射性物质外泄。RadNet 在阿拉斯加、夏威夷和太平洋群岛区域部署了移动监测装置,并加速了对空气、降水、饮用水和牛奶的取样分析进程。RadNet 监测到了微量的与福岛核事故相关的放射性核素。详细的数据分析表明该监测量仅为人体健康风险剂量值的几千分之一,并在持续衰减中

2005 年,对环境辐射监测系统的空气监测部分进行了升级,更名为 RadNet。国家监测网 RadNet 由环保局辐射与室内空气办公室主管,由空气和辐射环境实验室完成具体的日常监测工作,负责评估和判断放射性物质大规模环境释放的影响,在日常情况下进行常规监

测，获取环境监测原始数据并进行趋势分析，如对大气、尘埃、降水、饮用水、巴氏牛奶进行采样和分析。

RadNet 是目前美国唯一的综合性辐射环境监测网络，共 200 多个采样点，遍布全美国。全美国被分为 10 个区，在常规情况下，RadNet 对每个地理区域、大多数独立州和主要人口聚集区进行本底辐射跟踪测量；在应急情况下，对放射性污染物进行监测。表 2-4 列举了地区 1 的监测点位和对应的监测项目，表 2-5 列举了每个区对应的点位数量和监测项目等信息。

表 2-4　RadNet 地区 1 的监测点位和项目一览表

地区	州名	城市	空气连续监测	空气气溶胶	降水	饮用水	牛奶
1	康涅狄格州	哈特福德	√		√	√	√
2	缅因州	欧洛诺	√				
3		波特兰	√				
4	马萨诸塞州	波士顿	√		√		
5		伍斯特	√				
6	新罕布什尔州	康科德	√		√	√	
7	罗得岛州	普罗维登斯	√			√	
8	佛蒙特州	伯灵顿	√				
9		蒙彼利埃					√

表 2-5　RadNet 不同分区的点位数量和监测项目　　个

地区	有站点城市	空气连续监测	空气气溶胶	降水	饮用水	牛奶
1	9	8	0	3	3	2
2	11	8	0	2	6	3
3	14	9	0	2	9	3
4	32	18	4	8	19	5
5	22	15	0	4	12	4
6	22	21	0	2	4	4
7	12	10	0	1	4	3
8	9	8	1	2	3	0
9	20	17	7	2	3	7
10	11	10	2	3	5	3
总数	162	124	14	29	68	34

由表 2-4 和表 2-5 可知，虽然 RadNet 点位遍布全美国，每个区包含数目不一的州，每

个州包含不同数目的城市,从其站点数目和监测项目的分布来看,只有极少城市是被完全覆盖的,每个 RadNet 监测点并不监测所有项目。

图 2-1 给出了 RadNet 网络其中一个固定空气监测点外观图。

图 2-1　RadNet 网络固定空气监测点外观图

2.3.3.3　社区环境监测计划

1951—1992 年,美国在内华达试验场共进行了 928 次核试验,引发了公众对电离辐射的担忧。因此,能源部在其周围及下风向建立了包括 29 个连续自动监测子站的社区环境监测计划,形成了辐射环境监测网,对包括内华达州、犹他州和加利福尼亚州在内的部分地区进行监测。该监测网由内华达州高等教育系统的沙漠研究所(DRI)进行直接管理和提供技术支持。

2.3.4　补充美国核电厂外围监测

美国是核电最发达的国家之一。截至 2011 年底,美国共有 65 座核电厂,其中有 49 座为内陆核电厂,占所有核电厂总数的 75%。美国 49 座内陆核电厂至今已经有超过 2 000 堆年的运行经验反馈。长期以来,美国 NRC 已建立了完善的核电厂环境辐射监测与管理体系,制定了环境辐射监测与评价的标准化规范,在核电厂环境信息、环境辐射监测信息公开及公众参与管理等方面建立了严格的法规和程序。

按照美国联邦法规 10CFR50 的要求,美国核电厂必须建立环境辐射监测大纲(REMP)及放射性流出物监测技术规范(RETS),为场外剂量计算手册(ODCM) 提供基础数据,以用于评估核电厂排放放射性物质对公众可能造成的辐射影响,确保核电厂排放放射性物质满足辐射防护原则中可合理达到的尽量低水平(ALARA)的要求。

美国核电厂的环境辐射监测内容,总体上是按照放射性流出物可能造成公众辐射照射的途径确定的,以用于 NRC 规范化的厂外公众剂量评估。

2.4　亚洲的辐射环境自动监测

2.4.1　日本

2.4.1.1　历史沿革

作为亚洲核能发达国家的日本，其在辐射环境监测领域的经验值得借鉴。日本目前已有上百个能够承担辐射环境监测的机构和团体，在监测体制、技术方法、数据透明管理方面值得我国参考借鉴。

2.4.1.2　监测网络组成

日本自20世纪70年代开始建造核电厂，至今已有33台核电机组，此外还有2台机组在建，这些核电机组分布于日本的15个县，分属于10个电力公司。随着30多年来的核电发展，日本在辐射环境监测领域的实践经验日趋成熟和标准化，并且形成了比较完善的辐射环境监测体系。

(1)辐射环境监测体系及分工

图2-2给出了日本辐射环境监测体系结构框图。

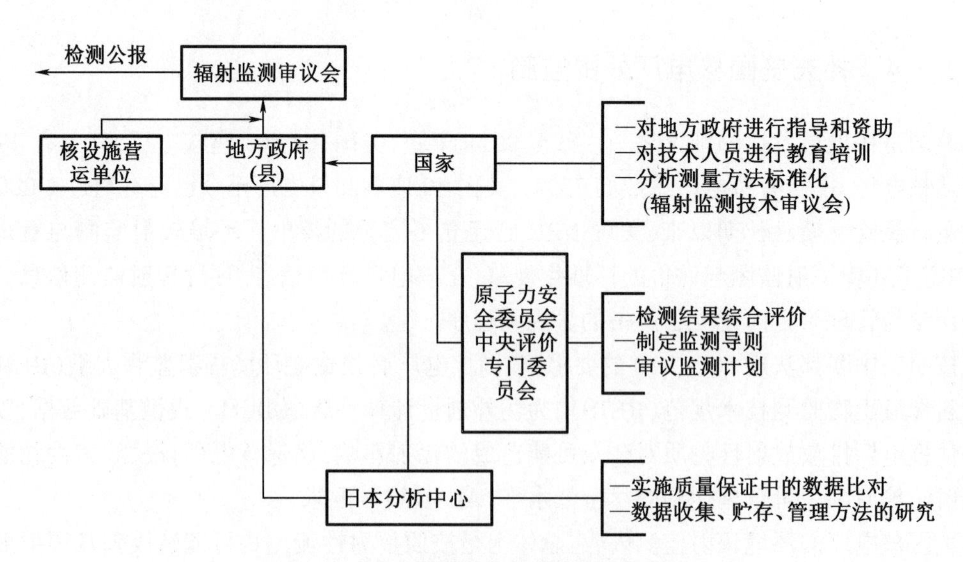

图2-2　日本辐射环境监测体系结构框图

其中，日本科技厅负责发布日本全国环境辐射水平调查结果及评价公报，有核设施的15个县由该县的环境辐射安全审议会(有的称为原子力发电所环境安全协议会)向本县公众发布公报。

日本科技厅以合同方式与原子力安全技术中心、日本化学分析中心和47个都道府县监测单位确立业务关系,组成全国环境辐射监测网。有核电站的15个县由县环境放射性能测量技术会领导本县的环境监测中心和县境内各核电站的环境监测课(站)组成本县的环境辐射监测体系,其中,重点是对核电站周围环境辐射水平进行监测。日本辐射环境监测的体制与分工见表2-6。

表 2-6　日本环境辐射监测的体制与分工

监测对象		监测、分析机构或单位		
		β放射性	放射性核素分析	空间剂量
自然环境	高空	防卫厅技术研究本部、气象厅高层气象台	防卫厅技术研究本部	
自然环境	地表	气象厅、全国47个都道府县卫生研究所等	放射性线综合研究所、全国47个都道府县卫生研究所、日本化学分析中心等	放射性线综合研究所、全国47个都道府县卫生研究所等
自然环境	陆地	全国47个都道府县卫生研究所等	农业环境技术研究所、全国47个都道府县卫生研究所、日本化学分析中心等	
自然环境	海洋	气象厅、气象研究所、水产厅、海上保安厅、全国47个都道府县卫生研究所等	放射线医学研究所、水产厅、海上保卫厅、全国47个都道府县卫生研究所、日本化学分析中心	
生活环境	食品	全国47个都道府县卫生研究所等	农业环境技术研究所、全国47个都道府县卫生研究所、日本化学分析中心等	
生活环境	人		放射线医学综合研究所	

(2)监测的实施

监测工作具体由原子力安全技术中心、日本化学分析中心、地方政府(县)监测中心实施。2011年3月,东京电力公司福岛第一核电站发生事故。受福岛核事故的影响,日本于2013年6月修订《大气污染防治法》,规定从保护人类健康的角度出发,环境省应不断监测并公布放射性物质造成的空气污染情况;从2014年开始,日本环境辐射监测分析调查报告书分为两个部分,第一部分是关于离岛等的监测;第二部分是环境放射水平调查。

(3)离岛辐射监测系统

根据《环境省设置法》(1999年法律第1001号)对“由放射性物质引起的环境变化进行监视和测量”的要求,日本于2000年建成“离岛辐射监测系统”,并于次年正式投入使用。

日本离岛辐射监测系统依托于已建成的40个酸雨测定所的基础设施,借助于原有的数据传输网络和气象参数测定装置,迅速完成了初期建设。2001 年,在现有 40 个酸雨测定所的基础上,对 12 个测定所进行了辐射测量。12 个测定所分别是:利尻、竜飞岬、佐渡关、鹿岛、伊自良湖、越前岬、隐岐、蟠竜湖、梼原、对马、五岛、边户岬;2003 年 3 月,鹿岛监测点转移;5 月 14 日,启用筑波监测点;2009 年 3 月,筑波和伊自良湖两个监测点停止测量。

日本离岛辐射监测系统的监测点均设置于离岛之上,可以最大限度排除人类活动对测量结果的影响,对可能发生的核事故或核试验进行更准确的预警。日本西临日本海、东海,隔海分别和中国、韩国、朝鲜等有核国家相望,而东面为广阔的太平洋,因此日本离岛辐射监测系统主要分布于日本西侧和南侧海岸线,极具针对性。目前,日本离岛辐射监测系统包括 10 处辐射监测点。监测系统点位信息见表 2-7。(其中筑波和伊自良湖测量到 2009 年。)

表 2-7　离岛辐射监测系统点位信息

监测点名称	位置	海拔
利尻	北海道利尻郡利尻町 北纬 45°07′30″　东经 141°14′30″	40 m
竜飞岬	青森县东津轻郡外是滨町宇三厩村 北纬 41°15′59″　东经 140°21′13″	106 m
佐渡关	新泻县佐渡市关 北纬 38°14′59″　东经 138°24′00″	136 m
筑波	茨城县土浦市永井 北纬 36°09′38″　东经 140°11′12″	155 m
伊自良湖	歧阜县山县市长泷釜谷 北纬 35°34′14″　东经 136°41′51″	140 m
越前岬	福井县丹生郡越前町 北纬 35°58′53″　东经 135°58′5″	220 m
隐岐	岛根县隐岐郡隐岐的岛町 北纬 36°17′19″　东经 133°11′06″	90 m
蟠竜湖	岛根县益田市高津町 3 北纬 34°40′54″　东经 131°47′59″	53 m
梼原	高知县高冈郡梼原町 北纬 33°22′33″　东经 132°56′14″	790 m
对马	长崎县对马市严原町上见坂公园 北纬 34°14′18″　东经 129°17′17″	390 m
五岛	长崎县五岛市玉之浦町 北纬 32°36′11″　东经 128°39′32″	95 m
边户岬	冲绳县国头郡国头村 北纬 26°51′44″　东经 128°15′02″	60 m

日本离岛辐射监测系统采用在线自动监测与实验分析相结合的方式。2001 年,由于监测系统是在酸雨测定所的基础上建立起来的,监测项目除了环境 γ 辐射、总 α、总 β 外,还包括氮氧化物、二氧化硫、臭氧、PM2.5、PM10、风向、风速、雨量、温湿度、日射情况等。2002 年鹿岛不监测气象。2003 年鹿岛监测点转移(3 月),筑波监测点开启(5 月),筑波、对马不监测气象,其他气象监测要求监测感雨。2004 年,筑波、对马不监测气象。2009 年起,12 个监测所变为 10 个。

(4)环境放射性水平调查

表 2-8 给出了日本辐射环境监测的主要监测项目及内容。

表 2-8　日本辐射环境监测的主要监测项目及内容

主要监测项目	监测对象	监测周期	监测方法	备注
环境 γ 辐射	剂量率 累积剂量	连续 每季	NaI(Tl)、高压电离室 热释光剂量计(TLD)	
陆地样品	气溶胶	每 1~3 月	核素分析	
	陆地水(饮用水)	每季	核素分析	
	牛奶	必要时	^{131}I	
	土壤	半年	核素分析	表层土
	农产品(叶菜、根菜、米等)	收获期	核素分析	
	指示生物	—	核素分析	蒿、松针等
	沉降物、降水	每月	核素分析	水盘法
海洋监测	海水	半年		表层水
	海底沉积物	半年		表层土
	海产品	渔期		
	指示性生物	每季		马尾藻等
气象参数	风向、风速、降水量、气温等	连续		

其中,环境 γ 辐射剂量率(连续测量)每 10 min 收集一次数据;2014 年的监测地点包含 47 个县的 48 个监测点;2015 年的监测地点包含 47 个县的 299 个监测点。当发生放射性事故时,需要快速掌握结果,因此测量间隔和集尘时间比平时短。

(5)核电站的环境监测

每个核电站都在其电力公司的领导下及当地环境监测中心的指导和配合下进行核电站周围环境监测。将监测结果直接传输到县环境辐射监测中心,并且每季度向县原子力设施环境安全协议会报告监测与评价结果,并由该协议会审议后公布。

以滨冈核电站为例,核电站的环境监测由辐射管理课领导。该课有 50 人(占电站放射性工作人员的 10%),环境监测系统(组)有 7 人,监测范围一般为 5 km,重点是厂区边界。它在厂区边界布置了 7 个监测点,连续监测 γ 辐射水平,在主控室还有监测结果显示,超过阈值时报警。在 5 km 范围内布了 8 个监测点,将测量数据传输到静冈县环境监测中心。为消除仪器的温度效应,监测点内装有空调,温度控制在 20~38 ℃,厂区内设立气象站。图 2-3 为日本核电站自动监测点外观图。

图 2-3　日本核电站自动监测点外观图

2.4.2　韩国

2.4.2.1　历史沿革

韩国的辐射环境监测始于 1961 年,并由韩国原子能研究所(KAERI)负责。初期的目的是用于监测国外大气核试验所产生的放射性落下灰对韩国环境的影响,其监测项目主要是 γ 辐射剂量率和空气总 β。1978 年韩国首座核电厂古里核电厂建立起来后,其辐射环境监测项目得到扩展,一些环境样品的放射性核素分析得以开展起来。1986 年,切尔诺贝利核事故后,韩国进一步加强了辐射环境监测。

韩国对辐射环境监测实行了统一的管理,实行“双轨制”,即由政府部门与核电厂共同负责。政府部门的监测主要指的是覆盖全国的监测网,包括分布全韩国的区域监测站(RMS)和区域监测点(RMP)以及由韩国核安全研究所(KINS)负责的中心实验室(CRMS)。除此之外,各个核电厂各自负责自身的辐射环境监测。

2.4.2.2　监测网络组成

(1)综合环境辐射监测网络(IERNET)

KINS 是韩国科技部(MOST)下属的研究所,其职责是对韩国的核设施进行安全管理,RMP 与 RMS 形成的监测网络以及核电厂的监测网络的数据形成了综合环境辐射监测网络(IERNET),其数据由 KINS 负责。韩国辐射环境监测系统示意图如图 2-4 所示。

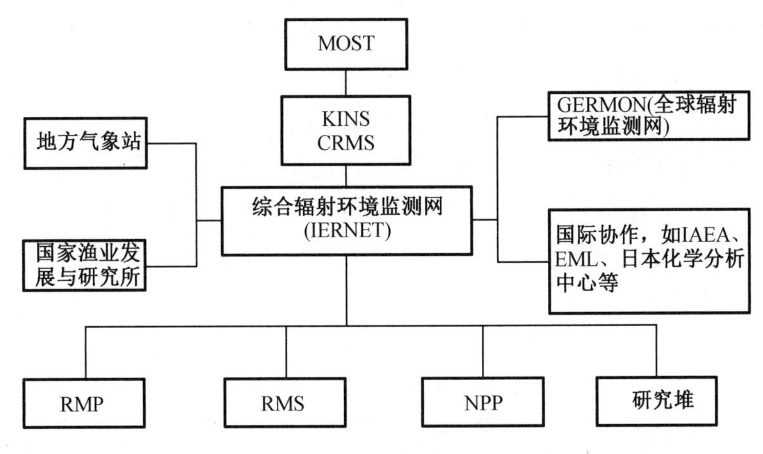

图 2-4　韩国辐射环境监测系统示意图

IERNET 由 KINS 下属的 CRMS 管理,其监测数据可在其网站上公布。除此之外,CRMS 还负责对韩国核电厂业主的辐射环境监测进行监督性监测,对其取样测量技术的质量负责。

截至 2014 年 12 月,韩国全国范围内的辐射环境监测网络包括 128 个有人或无人值守的站点,这些站点由以下部分组成:

①地区监测站:设在韩国国内 15 个人口稠密地区政府区域(包含 1 个设在 KINS 的辐射监测中心站,即 CRMS)。这些站点分布在首尔以及韩国气象局在各地区的分支机构。

②无人值守辐射监测站点:总共 113 个,由分布在核电厂外围以及军队联合监测网络内的站点组成。

(2)中心实验室(CRMS)的职责

IERNET 所有的监测站点均开展 γ 辐射剂量率的连续监测和 TLD 监测。通过 IERNET,CRMS 可以在线实时获取各监测站点的 γ 辐射剂量率数据。TLD 监测则仅是按季度取样进行监测的。

CRMS 统一对各监测站点获取的气溶胶样品、雨水、沉降灰进行测量。这些样品由 CRMS 按月收集。对牛奶样品,则是在全国牛奶市场进行取样,在 CRMS 测量,关注的核素为 ^{90}Sr、^{137}Cs 和 ^{40}K,监测频次为每月一次;海水样品每半年取一次样,需要分析其中的 ^{90}Sr、^{137}Cs、^{239}Pu、^{240}Pu 和 ^{3}H;对雨水样,主要由每个 RMS 和 RMP 进行收集,样品在 CRMS 进行测量,主要测量 ^{3}H。

CRMS 同时还作为 IERNET 与 IAEA 等国内外机构、全球辐射环境监测网络的协作接口。作为国际辐射环境监测网络的一部分,CRMS 还负责与其交换数据,同时与 IAEA、美国 EML 和日本化学分析中心等机构开展辐射环境监测领域的合作。

(3)区域监测站(RMS)和区域监测点(RMP)

目前,IERNET 包括 12 个 RMS 和 26 个 RMP。

RMS 站点由地方大学参与管理,由 KINS 提供经费支持和设备服务,CRMS 还对这些管理人员进行培训。每个 RMS 的监测项目包括 γ 辐射剂量率、TLD 累积剂量、总 β。RMS 也负责相应的分析测量项目,包括气溶胶、雨水、沉降灰、地表水以及各类水果、谷物、蔬菜、水产品等。对气溶胶、雨水、沉降灰、总 β 是每日测量的，除此之外，对这些样品还每月测量^{137}Cs、^{40}K 和^{7}Be。对地表水，仅按周测量总 β。对淀粉类（包括土豆、甘薯）、蔬菜（包括豆芽、洋葱、南瓜、菠菜、大葱、萝卜叶、莴苣、红辣椒）、水果（包括苹果、梨、橘子、柿子、葡萄）、鱼类及甲壳类（包括鲭、雪鱼、带鱼、鱿鱼、牡蛎、杂色蛤和贻贝）等食品，每个样品仅取可食部分，测量^{137}Cs、^{40}K 和^{7}Be。对地表水，还要测量^{226}Ra。RMP 比 RMS 要简单得多，主要设置 γ 辐射剂量率和 TLD 监测项目，此外，还需要每月采集雨水样，送 CRMS 进行分析。RMS 和 RMP 监测项目见表 2-9。

表 2-9　RMS 和 RMP 监测项目

<table>
<tr><th>位置</th><th>监测对象</th><th>监测项目</th><th>频次</th><th>监测点位</th></tr>
<tr><td rowspan="10">RMS</td><td>大气 γ 辐射</td><td>剂量率</td><td>连续</td><td rowspan="5">RMP</td></tr>
<tr><td>气溶胶</td><td rowspan="3">总 β、^{137}Cs、^{40}K、^{7}Be</td><td>每天</td></tr>
<tr><td>沉降灰</td><td>每天</td></tr>
<tr><td>雨水</td><td>每月雨期</td></tr>
<tr><td>地表水</td><td>总 β</td><td>每周</td></tr>
<tr><td>淀粉类</td><td rowspan="4">^{137}Cs、^{40}K、^{7}Be</td><td rowspan="5">每年</td><td>2 类</td></tr>
<tr><td>蔬菜</td><td>9 类</td></tr>
<tr><td>水果</td><td>5 类</td></tr>
<tr><td>鱼类/甲壳类</td><td>7 类</td></tr>
<tr><td>地表水</td><td>^{137}Cs、^{226}Ra</td><td>5 个城市</td></tr>
<tr><td rowspan="2">RMP</td><td rowspan="2">大气 γ 辐射</td><td>剂量率</td><td>连续</td><td rowspan="2">RMP</td></tr>
<tr><td>TLD</td><td>每季</td></tr>
</table>

图 2-5 给出了韩国 IERNET RMS 的外观图。

图 2-5　韩国 IERNET RMS 的外观图

(4)核电厂外围监督性监测

IERNET 还收集核电厂的监测数据。韩国目前有 4 个核电厂,即新古里、月城、灵光、蔚珍,各个厂分别有 4 台、4 台、6 台、6 台机组正在运行(除此之外,韩国还有 2 个在建核电厂,分别有 3 台和 2 台机组在建)。除月城核电厂采用 Candu 堆外,其他厂址都为压水堆。CRMS 还在每个核电厂都安装了 γ 辐射剂量率自动连续监测站点,设置 γ 辐射剂量率和累积剂量监测项目,各站点的数据同时发送至 CRMS。核电厂业主也开展相应的监测,但仅作为核电厂自身环境管理的一部分,不送往 CRMS。除此之外,韩国在其 KAERI 还有一些核设施,其监测仅由 KAERI 负责。

韩国核电厂监督性的辐射环境监测的具体项目,由 KINS 负责。由表 2-9 可知,每个核电厂都由 KINS 设置 1 个连续 γ 辐射剂量率监测点位,同时布设 TLD 测量。连续测量数据将实时送到 CRMS。TLD 的测量也是在 CRMS 进行的,每个厂址设 12 个点。除此之外,还有其他环境样品的取样监测,所采集的样品被送到 CRMS 实验室进行分析。

2.5　小结和发展展望

2.5.1　各国辐射环境自动监测小结

随着人类对核的认识以及世界各国核领域的发展,人们越来越关心辐射所带来的影响。随着时代的发展、技术的进步,辐射环境自动监测作为辐射监测的重要手段也日益普及。

通过对国际辐射监测信息系统,欧洲放射性数据交换平台,波罗的海国家委员会,法国、德国、美国、英国、日本、韩国等国辐射环境自动监测开展情况做调研,获取了各国辐射环境自动监测开展背景、开展现状等资料。切尔诺贝利核事故发生后,人们对辐射的关注度提升,辐射环境自动监测也逐步开展起来。福岛核事故发生后,全球层面的自动监测数据共享得以实现。从时间开展的先后来说,辐射自动监测在欧州起步时间较早,其次为美国和日本;从点位的覆盖面来说,以德国为代表的欧洲国家单位面积覆盖自动监测点数量较大;从监测手段上来说,γ 辐射剂量率自动监测应用最普遍,环境介质中其他项目的自动监测尚处于起步阶段。与本章调研的世界上主要国家相比,中国的辐射监测覆盖面和监测手段已经处于世界中等偏上水平。

2.5.2　国际辐射环境自动监测发展展望

2.5.2.1　加强自动监测是趋势

回顾国际上辐射空气自动监测的开展历程,不难发现国际辐射自动监测的发展,均与核与辐射事故的发生有关,最显著的是切尔诺贝利核事故和福岛核事故,自动监测的实时性,在应急监测中的作用已经被证明是不可替代的。现阶段,自动监测主要用于环境质量监测和核电厂外围监测,对于核燃料循环的其他环节、标准设施、核技术利用设施开展的自动监测,也正在得到广泛的关注。因而,自动监测的覆盖面必将越来越广。

2.5.2.2 数据交换更加常态化

IRMIS 和 EURDEP 实现了欧洲国家甚至 IAEA 框架内的数据共享与交换。历年来重大核事故的经验教训表明,重大核与辐射事故的发生,基本上都会涉及国际协作问题,仅仅依靠单一国家的监测数据,不足以对事故的后果做出科学合理的判断,因而,辐射环境自动监测数据的交换将是常态化的趋势。

2.5.2.3 引入新技术是趋势

辐射环境自动监测经历了有线专网、无线有线网络双备份到基于数据安全技术的公网传输等手段,从使用拨号网络,到应用 3G、4G 数据传输技术,从 Internet 传输到卫星传输、微波传输,在自动监测过程中,先进通信和网络安全技术从未缺席。因而,在 5G 网络大面积布局的今天,辐射自动监测数据传输技术必将有质的提升。另外,与非放射性监测领域相比,辐射环境自动监测还仅仅停留在空气介质,尽管有少量的水体在线监测应用实例,但是尚未得到推广,即使对于空气在线监测,也只侧重于 γ 辐射剂量率这一项目,因而,加强技术研发和推广,推动不同核设施外围空气中特征核素的在线监测技术推广,也是将来的发展趋势。

2.5.2.4 能谱应用亟待增强

NaI 谱仪作为连续监测设备之一,除了作为大气环境辐射监测的固定监测设备,还被广泛应用于水体自动监测上,可靠近水面设立岸基站,通过 NaI 谱仪对水面进行连续监测,也可在水中设立浮标监测站,分别在浮标上和水面下各安装一个 NaI 谱仪对水体进行连续辐射监测。水体监测 NaI 谱仪,在国外特别是在福岛核事故中的应用已非常成熟,在美国、加拿大、日本及欧洲各国的环保、应急和安保等政府执法部门得到广泛应用。而我国水体辐射环境监测工作刚刚起步,监测能力及监测网络亟待增强。

参考文献

[1] International Atomic Energy Agency. International Radiation Monitoring and Information System(IRMIS), Emergency Preparedness and Response[R]. Vienna: IAEA,2020.

[2] International Atomic Energy Agency. Conventions on Early Notification of a Nuclear Accident[R]. Vienna: IAEA,1986.

[3] International Atomic Energy Agency. Conventions on Nuclear Safety[R]. Vienna: IAEA, 1996.

[4] International Atomic Energy Agency. Convention on Assistance in the Case of a Nuclear Accident or Radiological Emergency[R]. Vienna: IAEA,1987.

[5] International Atomic Energy Agency. Operations Manual for Incident and Emergency Communication, Emergency Preparedness and Response[R]. Vienna: IAEA,2020.

[6] 苏州热工研究院有限公司. 国外辐射环境监测调研报告[R]. 苏州,2009.

[7] 黄彦君,上官志洪,赵锋,等. 欧洲的辐射环境监测[J]. 辐射防护通讯,2008(04):16-22.

[8] Publications Office of the European Union, Environmental Radioactivity in the European Community 2007-2011 [R]. Brussels: EU,2018.

[9] Expert Group on Nuclear Radiation Safety, REPORT on Environmental radiation monitoring programmes among the members and observers of the Council of the Baltic Sea States [R]. Copenhagen,2020.

[10] WIRTH E,WEISS W. OPTIMISATION OF THE GERMAN INTEGRATED INFORMATION AND MEASUREMENT SYSTEM (IMIS) [EB/OL]. [2024-06-25]. https://www.osti.gov/etdeweb/servlets/purl/20815955.

[11] Umweltradioaktivität und Strahlenbelastung Jahresbericht[EB/OL]. [2024-06-25]. https://www.bfs.de/DE/mediathek/berichte/umweltradioaktivitaet/umweltradioaktivitaet_node.html.

[12] Northern Ireland Environment Agency. Northern Ireland Environment Agency Environmental Radioactivity Monitoring Report 2016[EB/OL]. [2024-06-25]. https://niopa.qub.ac.uk/bitstream/NIOPA/9332/2/Environmental_monitoring_report_2016.pdf.

[13] Scottish Environment Protection Agency. Radiological monitoring technical guidance note 2, Environmental radiological monitoring[EB/OL]. [2024-06-25]. https://assets.publishing.service.gov.uk/government/uploads/system/uploads/attachment_data/file/296529/geho0811btvy-e-e.pdf.

[14] Radioactivity in Food and the Environment (RIFE) report[EB/OL]. [2024-06-25]. https://www.gov.uk/government/publications/radioactivity-in-food-and-the-environment-rife-reports.

[15] United States Environmental Protection Agency. Multi-Agency Radiation Survey and site investigation Mannual (MARSSIM) [EB/OL]. [2024-06-25]. https://www.epa.gov/radiation/multi-agency-radiation-survey-and-site-investigation-manual-marssim.

[16] United States Environmental Protection Agency. Radiation Protection[EB/OL]. [2024-06-25]. https://www.epa.gov/radiation.

[17] U.S. Nuclear Regulatory Commission. Offsite dose calculation manual guidance: Standard radiological effluent controls for pressurized water reactors [R]. Washington, DC: NRC,1991.

[18] U. S. Nuclear Regulatory Commission. Offsite dose calculation manual guidance: Standard radiological effluent controls for boiling water reactors [R]. Washington, DC: NRC, 1991.

[19] 赵远,张雪. 美国环境辐射监测体系[J]. 国外核新闻,2018(09):27-31.

[20] 李君利,曾志. 美国辐射环境检测体系及技术发展历程与现状调研报告[R]. 北京:清华大学,2012.

[21] 黄彦君,上官志洪,周如明. 美国核电厂辐射环境监测与信息公开及其借鉴[J]. 环境监测管理与技术,2013,25(04):1-6.

[22] 黄彦君,陶云良,张兵,等. 美国内陆核电厂环境地表水与饮用水辐射监测与评价[J]. 中国辐射卫生,2014,23(02):158-163.

[23] 陈竹舟,张永兴,叶敏坤,等. 日本环境辐射监测现状:中国环境辐射监测考察团赴日考察报告[J]. 辐射防护通讯,1991(03):7-14.

[24] 財団法人日本分析中心. 平成 13 年度環境放射線等モニタリングデータ解析調査報告書[R]. 千叶: JCAC,2002.

[25] 財団法人日本分析中心. 平成 27 年度環境放射線等モニタリングデータ解析調査報告書[R]. 千叶: JCAC,2016.

[26] 李晓凤,曹娟. 日本离岛辐射监测系统概述[J]. 资源节约与环保, 2015(11):130,134

[27] KOREA INSTITUTE OF NUCLEAR SAFETY. Marine Environmental Radioactivity Survey[R]. Daejeon: KINS,2014.

[28] KOREA INSTITUTE OF NUCLEAR SAFETY. Environmental Radioactivity Survey in Korea[R]. Daejeon: KINS,2014.

[29] KOREA INSTITUTE OF NUCLEAR SAFETY. Annual Report on Environmental Radiological Surveillance and Assessment in the Vicinity of Nuclear Facilities. [R]. Daejeon: KINS,2014.

第3章 辐射环境自动监测技术的发展历程和点位布设

3.1 我国辐射环境自动监测技术发展历程

自20世纪80年代开始,中国原子能科学研究院(简称“原子能院”)等核设施营运单位陆续开展针对核设施的环境γ辐射连续监测系统的研制;20世纪90年代,随着核电厂的建设,环境γ辐射连续监测项目逐步成为核设施监督性监测方案中的一项重要内容。

21世纪初,原国家环保总局启动了全国辐射环境监测网络建设工程项目,在重点城市设置了36个辐射环境自动监测站,辐射环境自动监测项目成为全国辐射环境质量监测方案重要内容。

至“十三五”末期,国控大气辐射环境自动监测站达到了500个,形成了覆盖全国所有地级以上城市及重要边境口岸等敏感地区的大气辐射环境自动监测网络。

我国的辐射环境自动监测网与核设施的环境γ辐射连续监测系统在技术上一脉相承,现在我们已经习惯上把前者称为“自动监测”,是针对环境质量的监测,把后者称为“连续监测”,是针对核设施的监督性监测。实际上,两者都是对环境中辐射水平的连续、自动、实时监测。有学者曾将我国环境γ辐射连续监测发展历史划分为开创阶段、成熟阶段和逐步标准化阶段,受其启发,在进一步总结近十年辐射自动监测技术进展的基础上,我们将其分成4个阶段做一简要回顾。

3.1.1 萌芽期(1990年之前)

核设施环境γ辐射连续监测技术伴随着核工业及核电的发展而发展起来。早在20世纪70年代初,国际上就开始了核设施周围环境γ辐射连续监测。尤其是20世纪70—80年代发生的几次大的核电站反应堆事故,引起欧洲各国及中、美、日、韩等许多国家对辐射环境监测工作的重视,相继建立了核设施环境γ辐射连续监测系统。

20世纪80年代开始,中国原子能科学研究院、中国辐射防护研究院、中国科学院高能物理研究所等单位陆续开展针对核设施的环境γ辐射连续监测系统的研制。

原子能院研制的高压电离室连续监测系统是这个时期的代表。该系统以高压电离室、数据记录仪和IBM微机为主体,1个高压电离室探头设置在原子能院内平坦草地上距地面

1 m 高处的木箱内,数据记录仪放置在离探头 30 m 远处的小屋内,记录仪可连续工作 2 周。系统配有微型打印机和盒式磁带机,工作时自动采集、记录,每 6 h 进行一次零点校正,每 10 d 打印一次数据。最后的数据处理在 IBM 微机上进行。系统框图如图 3-1 所示。

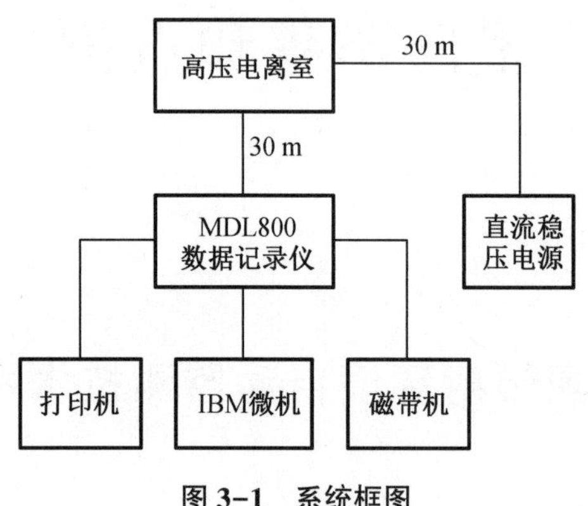

图 3-1 系统框图

该系统采用了原子能院自行研制的高压电离室作为探头,数据获取和处理使用原子能院自行研制的环境辐射数据记录仪,验证了高压电离室连续监测系统对于就地、即时进行核设施周围的环境放射性监测的可行性和必要性。荣岫江等在《中华放射医学与防护杂志》发表文章说,该系统对切尔诺贝利核事故影响进行了连续监测,于 1986 年 5 月初测到了事故造成的环境辐射空气吸收剂量率的明显增大,如图 3-2 所示。关键设备的自行研制为技术创新和发展积累了宝贵经验。

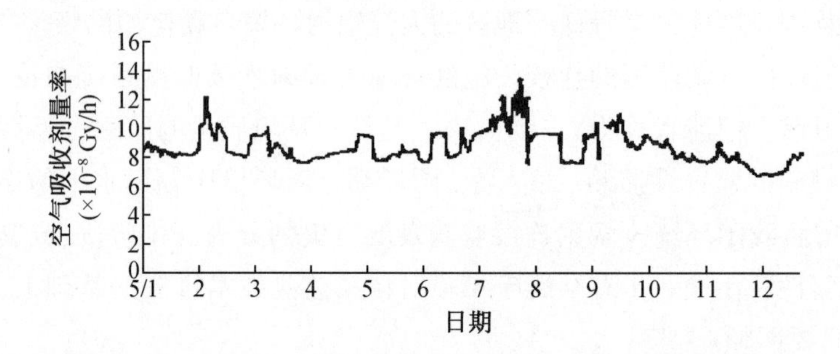

图 3-2 1986 年 5 月切尔诺贝利核事故后的环境 γ 辐射水平变化

3.1.2 开创期(1990—2000 年)

20 世纪 90 年代,随着秦山核电站、大亚湾核电站的建设,外围环境连续监测系统的建设也被提到议事日程上。浙江省环境放射性监测站受命承担秦山核电站外围连续监督性监测系统的建设,由时任副站长盛沛茹负责设计、建造和运行。

当时,建立这样的系统面临诸多挑战,一是国内无类似经验,二是无成熟的国产产品可供选择,三是当时我国自动化信息处理集成技术刚刚起步。设计组调研了欧洲各国及美、日等国类似系统的技术资料,最后确定以美国健康与安全实验室(HASL)的监测系统为参考蓝本,采用国产高气压电离室作为探测器,测量空气吸收剂量率。20 世纪 70 年代初,美国 HASL 成功研发了一种球形高气压电离室,被公认为是环境 γ 辐射剂量率测量的理想仪器,它在美国核电厂环境连续监测中也获得了成功的应用。20 世纪 80 年代,我国成功研制了环形高压电离室,并进行了监测核设施的初步应用。该环形高压电离室具有良好的能量响应特性和温度特性。这个技术路线确定的目标是既要有足够的灵敏度能测量到核设施的排放,又要有可信的测量准确度,同时还要兼顾应急监测的需要,因而没有选择 GM 管作为首套自主研发系统的探测器。此外,考虑到技术的可行性,也没有采纳日本普遍使用得更加灵敏的 NaI 谱仪。

由于设计目标是实时在线监测,因此必须解决通信问题。当时秦山地区的电话很少,没有利用公用通信网络进行数据传输的可能,因此,只能采用自建通信链路的方式:对距离较近的点采用自架电话线,对距离较远的点则采用微波电台。该系统建立了 6 个高压电离室监测点,监测数据采样频率为 30 s 一次,4 个监测点为有线传输,2 个监测点为无线传输,传输速率为 300 B。将数据汇总至前沿站自主研发的工控机,然后转发至架设在 190 m 高的秦山山顶的无线电台,再通过无线电台发送至 80 km 里外的杭州。前沿站数据处理主机为一台 IBM8086 个人电脑。系统实景图如图 3-3 所示。

(a)系统前沿站主控机房(1)

(b)系统前沿站主控机房(2)

(c)前沿站屋顶监测点

(d)秦山水泵房监测点

图 3-3　秦山核电厂外围连续监测系统实景图

图 3-3(a):系统前沿站主控机房。左侧为工控机,右侧第二台电脑为数据处理主计算机(IBM8086 个人电脑,640 KB 内存,10 MB 硬盘,5 in[①] 软驱,DOS 操作系统)。

---

① 1 in=2.54 cm。

图 3-3(b):系统前沿站主控机房,1999 年 10 月日本 JCO 事故时应急值班照。图中计算机为 AST386 个人电脑,使用 Windows 3.0 操作系统。当时,数据通信技术已有较大发展,开始使用调制解调器 modem 在秦山与杭州之间进行数据传输,代替秦山山顶与杭州之间的无线传输。

图 3-3(c):前沿站屋顶监测点。右侧白色物体为高压电离室监测站,圆形白色物体就是高压电离室。为防止阳光直晒,给电离室加装了铝制遮光板。方形白色箱体中放有核仪器模块(NIM)机箱和蓄电池箱。NIM 插件是数据采集器、电源。左侧为用来收集 2 个无线站点信号的天线。

图 3-3(d):秦山水泵房监测点。监测站点架设在 2 根电线杆子搭成的平台上,对其检修时要穿戴电力维修工使用的脚蹬。事后发现,这种离地架空的安装方式对监测烟羽有好处,因为离地高,受地面辐射水平变化的影响小。

按目前的技术水平看,这套监测系统的许多指标都似"史前数据",但正是这套系统为日后监测系统的发展奠定了技术基础和储备。该系统采用了当时国内最先进的辐射环境监测技术和数据采集技术,是一套初步具有辐射剂量率连续监测能力的简单系统,开创了环保系统辐射环境监测自动连续监测系统的先河,是我国第一套自行设计、自主研发的全国产化的核电厂外围环境 γ 辐射剂量率连续监测系统。这套系统正常运行了将近 10 年,积累了建设和运行的宝贵经验,培养了一批技术骨干。

该系统存在的主要问题是在长期野外环境中使用的适用性不够好,系统使用环境地处南方沿海,多雨潮湿,雷暴频繁,腐蚀严重,探测器系统故障不断增加,系统稳定性变差,增加了运维难度,这是我国最早一代连续监测系统的普遍问题。

3.1.3 成熟期(2000—2010 年)

(1)秦山核电基地外围环境 γ 辐射连续监测系统

建设于 20 世纪 90 年代初的秦山核电站外围连续监督性监测系统长期在野外工作,损耗严重,其很多设备已陈旧,配件难找,处于半瘫痪状态,因此急需建设新系统。同时,事业规模的扩大与相关技术都有了长足进步,有条件也有必要对监测系统的构架做新的审视。于是,随着秦山核电二期、三期陆续投产,新建秦山核电基地外围环境 γ 辐射连续监测系统被提上了日程。

在总结了第一代监测系统的经验和教训后,主管部门提出了以下系统建设要求:第一,监测必须有效、可靠;第二,监测系统的运行必须稳定、可靠;第三,监测系统要具先进性;第四,监测系统要有可扩展能力。这些要求,归结为一个建设目标,即连续监测系统必须有能力监测到核电厂的排放。

由于最早建设的监测系统运行十年没有监测到核电厂的排放,因此被不少不明具体情况的同行误认为核电厂运行时在环境中无法测量到其烟羽排放。到底能不能监测到?设计组经过充分的调研和计算后认为可以实现,关键问题在 4 个方面:一是布点,要在 3 km 范围内布主要监测点,且由于核电厂的异常排放是无法预计的,它可能发生在任何气象条件下,因此应尽可能在各方位(按 16 个方位角计,但不包括海上)都布点。二是系统要保证探测的灵敏度。三是系统要保证 24 小时不间断运行。四是开展谱仪应用的研究。

“连续监测系统必须有能力监测到核电厂的排放”这一建设目标的确定，既是管理的需要，也是设计者对系统建设提出的挑战。之所以提出这样的目标，主要是主管部门和设计者在考察我国香港天文台和日本的同类系统时，看到他们的监测系统几乎以 100%的数据获取率常年稳定运行的情况。我们能不能建设出这样的系统？在进行了大量调研，分析了当时相关领域的技术发展状况，并细致总结了第一代监测系统的运行经验后，确定了以高压电离室为探测器，以建设监测数据准确有效、系统可靠性高、运行稳定、扩展性好的国内领先、世界一流的监测系统为出发点进行系统规划设计。

秦山核电基地外围环境 γ 辐射连续监测系统主要由现场监测系统、远程数据传输系统和数据处理中心 3 大部分组成。现场监测系统由 9 个 γ 辐射剂量率固定监测点组成，这些监测点主要布设在秦山核电基地外围 3 km 范围内。对辐射剂量率每 30 s 报一次，实行全天 24 h 的连续监测，能超值报警。除监测 γ 辐射剂量率外，现场监测点还配置了数量不等的自动气象仪表和各类自动控制装置。此外，在一个监测点上开展 NaI(Tl)γ 谱仪连续监测的试验。对现场各类监测数据先在秦山汇总中心汇总打包后，再通过远程数据传输系统实时传至杭州数据处理中心。在杭州数据处理中心，对监测数据进行存储备份、综合分析，并监控系统的运行状态。

这个方案中最成功的 2 点：一是提出并重点考虑了系统可靠性措施的设计，对供电系统、防雷系统、数据传输系统做了特殊处理，并设计了抗恶劣环境系统、故障报警及自诊断系统，二是力排众议，继承秦山第一代监测系统成功经验，坚持采用高可靠、正式商品化的高压电离室作为主探测器。事后的实际运行情况证明这个设计思路对保证系统稳定可靠运行将近十年起了决定性的作用。

2002 年 4 月，向美国通用电气公司定购的高压电离室到站，与此同时，秦山现场的征地工作全面展开。至此，系统建设全面展开。同年 10 月底，系统安装结束，进入全系统试运行。

系统于 2002 年 12 月正式开始运行，至今运行情况优异，故障率极低，年数据获取率在 99%以上。这是一个成功的系统，标志着我国环保部门的辐射环境连续自动监测在设计、建设和运行管理上已经成熟，并处于国际先进水平。

秦山核电基地外围环境 γ 辐射连续监测系统实景图如图 3-4 所示。

(a)

(b)

图 3-4　秦山核电基地外围环境 γ 辐射连续监测系统实景图

(2)全国辐射环境自动监测系统建设(100点项目)

2008年,中央污染物减排专项资金中有1.2亿元用于在全国100个重点环保城市建设辐射环境自动监测网络。要求建设辐射空气连续自动监测站,完善辐射环境质量监测网络,提高空气辐射环境质量监测能力。在全国建设100个辐射连续自动监测子站,配置必要的监测设备及数据采集传输处理系统。在除浙江以外的全国30个省会城市及青岛市各建设1个标准型辐射连续自动监测子站;在浙江省建设1个增强型辐射连续自动监测子站;在全国重点核与辐射设施所在地、敏感边境、重要口岸、环保重点城市共计68个辐射环境敏感地区各建设1个基本型辐射连续自动监测子站,以及将现有36个辐射自动监测子站的数据通过通信网络实时汇总到全国数据中心。

这是我国首次大规模地进行辐射环境自动监测系统的建设,是在核电第二代辐射环境连续监测系统成功的基础上的进一步创新和发展。在100点项目中,采用了一体化站房设计思路,如图3-5所示。站房内监测设备的数量与集成度远高于第二代系统,同时,一体化站房设计带来了另一个好处,即全部监测设备在厂内安装检测,标准化、规范化程度高,节约施工时间,技术先进性显而易见。

基于军工标准站房的整体集成设计、制造的自动监测站,极大地提高了系统的整体质量,并为形成自动站设计、制造标准奠定了基础。同时,100点项目建设积累了大规模远程监测系统的建设经验。

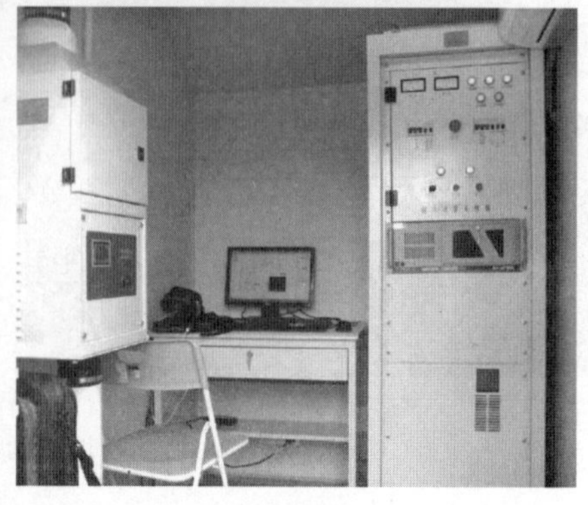

图3-5　100点项目一体化自动站运输、安装、外观和内貌

3.1.4　标准化(2010—2020 年)

“十三五”期间,为完善我国辐射环境自动监测网络布局,提高辐射环境监测预警能力,根据《生态环境监测网络建设方案实施计划(2016—2020 年)》要求,原环境保护部启动了“2017—2019 年国控大气辐射环境自动监测站建设项目”(简称“2017—2019 年项目”),新建了 331 个自动站。至 2020 年底,国控大气辐射环境自动监测站总数达 500 个,正式形成覆盖全国所有地级以上城市及重要边境口岸等地区的国控大气辐射环境自动监测网络。

为确保高水平、高质量建设 2017—2019 年项目自动站,项目明确全国统一使用一个配置标准建设(包括高气压电离室、NaI 谱仪、超大流量气溶胶采样器等),自动站集成、监测数据管理信息系统平台应统一,并具有兼容性和可扩展性,系统运行和服务保障应保证长期稳定可靠。此外,会议明确委托第三方测试机构对高气压电离室和 NaI 谱仪等主要设备进行性能测试,为自动站建设优选仪器设备和招标采购工作提供技术依据。

为保障新建自动站的规范和标准化,原环境保护部辐射环境监测技术中心于 2017 年 5 月印发了《大气辐射环境自动监测系统建设技术规范》,明确了自动站建设应遵循的 6 个原则。一是可靠性原则:系统的整体数据获取率应达到 90%以上,设备无故障运行时间 10 000 h 以上。二是成熟性原则:优先选用具有典型成功案例且运行记录良好的设备及技术,性能测试优良,满足监测项目需求。三是先进性原则:选用先进的监测设备和技术,在数据采集与传输上优先应用可靠性高、一机多能的设备。四是商品化原则:采用市场占有率高、商品化程度高的商用设备,配件尽量避免采用市场占有率较低或不公开数据接口的专有产品。五是模块化原则:对自动站重要设备(控制设备、数据处理设备、基础设施设备)进行模块分区,模块具有环境自适应性,适应高温、高湿、严寒、风沙等恶劣气候地区,采用低功耗技术,统一接口等,实现模块的小型化,满足现场免维护的要求。六是标准化原则:自动站仪器设备统一配置,接口、信息集成、数据传输等统一标准,以适应分批建设和运行维护的实际需求。自动站主要设备配置见表 3-1。

表 3-1　自动站主要设备配置表

序号	设备名称	功能和用途	数量
1	γ 辐射剂量率测量仪	实时连续测量 γ 辐射空气吸收剂量率	1
2	γ 辐射能谱仪	预警及 γ 核素定性分析	1
3	超大流量气溶胶采样器	气溶胶采样	1
4	气碘采样器	气碘采样	1
5	干湿沉降物采样器	沉降物采样	1
6	降雨感应器	感应降雨	1
7	自动气象仪	测量气象参数	1
8	数据采集、通信及系统集成	数据采集与传输	1
9	一体化站房及配套设备	集成各种仪器设备	1

在建设过程中，反复协调两家中标厂商统一设计方案，力求标准化要求落地实施。自动站外观模型图、配置示意图如图3-6、图3-7所示。

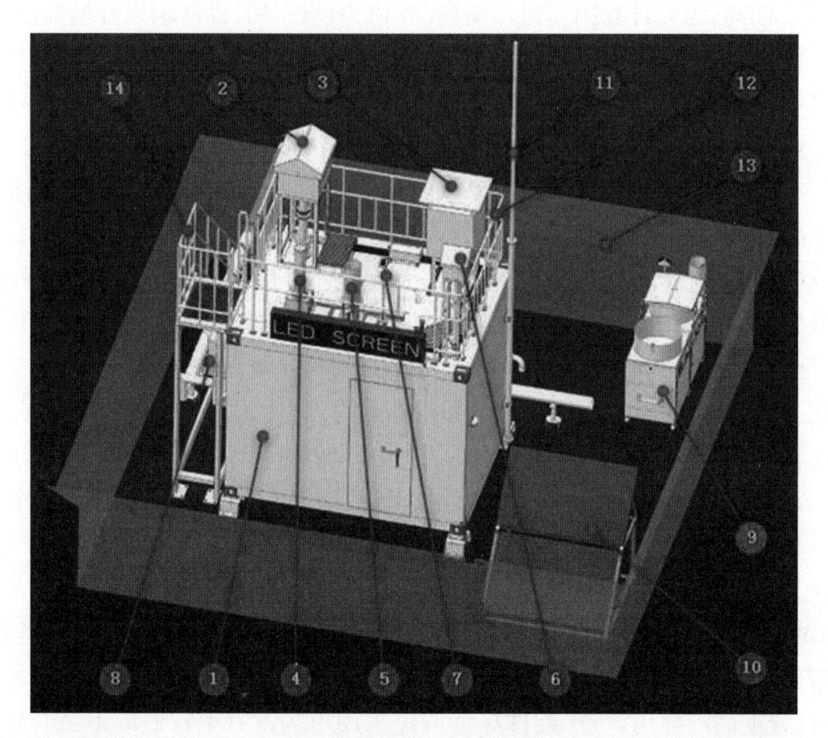

1—一体化站房；2—超大流量气溶胶采样器；3—高压电离室；4—NaI谱仪；5—雨量计；6—气碘采样器；7—降雨感应器；8—空调室外机；9—干湿沉降物采样器；10—太阳能电池板；11—气象杆；12—护栏；13—围栏；14—步行梯。

图3-6 自动站外观模型图

自动站控制原理框图如图3-8所示。自动站集成了高压电离室、NaI谱仪、超大流量气溶胶采样器、自动气象站、气碘采样器、干湿沉降物采样器、降雨感应器及安防监控系统等。所有采样数据及监控数据需要上传到省级数据汇总中心进行监测。设备接口模块通过RS232、RS485等工业通信接口将各种采样设备的采样数据及状态数据传输到数据采集器进行采集与处理，结果通过通信传输模块按照协议将数据通过有线或无线网络传输至省数据中心或国家数据中心。

同时站房还配置相应的温控系统及配电系统，负责系统电力供应及环境保障。

按照总体功能，以模块化为原则对功能模块进行划分，包括数据采集系统（包含数据采集器与设备接口模块）、通信传输模块与配电模块、UPS备用电源模块。各模块均为19 in标准U箱设计，安装在19 in标准机柜中。模块电气接口均选择通用标准化接口，增强兼容性及实用性。模块可单独更换及运输。

蓄电池装在电池柜中，在市电断电时通过UPS为系统提供电力供应。

配电箱负责为自动站系统分配电力，输入AC380V，输出AC380V为超大气溶胶供电；输出AC220V为UPS、干湿沉降、LED显示屏、气碘采样器、空调、插座供电。配电箱内配置智能电表，可远程查看及统计系统电力信息。

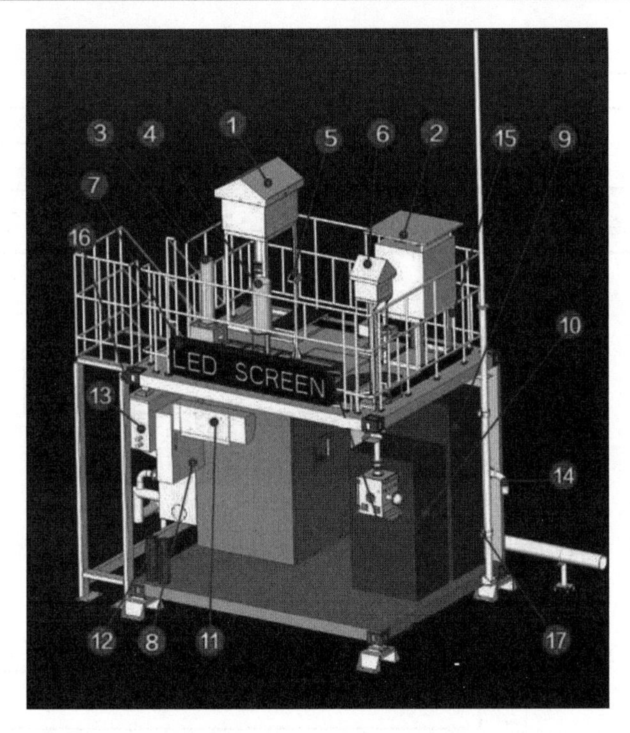

1—超大流量气溶胶；2—高压电离室；3—NaI 谱仪；4—雨量计；5—感雨；6—气碘采样器；7—发光二极管(LED)显示屏；8—配电箱；9—电气柜；10—电池柜；11—空调；12—灭火器；13—空调室外机；14—进线口；15—护栏；16—梯子；17—气象杆。

图 3-7　自动站配置示意图

UPS 不间断电源与配电模块配合为重点设备系统提供电力，主要包括 NaI 谱仪、自动气象站、数据采集系统、通信传输模块、显示器、虚拟专用网络(VPN)及安防系统。UPS 作为市电与电池的桥梁，在有市电时，UPS 的输出从市电获得；当市电掉电时，UPS 将电池电压逆变为稳定可靠的交流 220V 电压输出。配电模块将 UPS 输出的交流电压进行分组、控制，为各种不同类型的设备提供电力。

有单独线路为电离室提供电力，可保障在断电情况下继续为电离室提供电力。

系统可进行有线传输与无线传输，默认有线传输，当有线网络断开后，系统将自动切换到无线模式。

在硬件上进行统一自动站建设配置标准和模块化设计的同时，在自动站运行技术管理上也开展了标准化建设，制定了国家环境保护标准《辐射环境空气自动监测站运行技术规范》(HJ 1009—2019)、印发了《辐射环境空气自动监测站空气吸收剂量率仪期间核查实施细则》《辐射环境空气自动监测站安装和验收技术要求(试行)》《国控辐射环境空气自动监测站运行管理办法》等管理文件，全方位提升了自动站标准化水平。

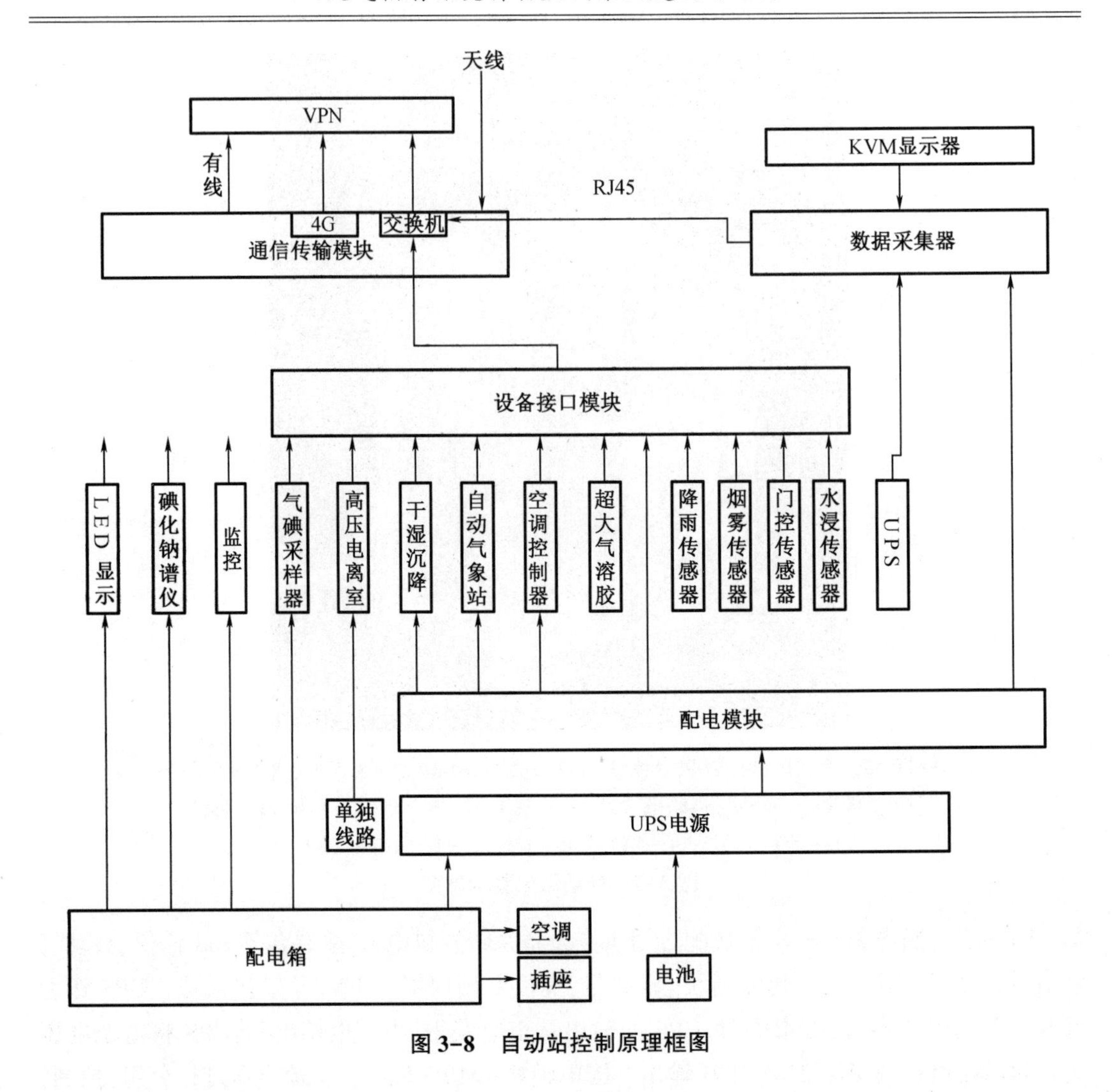

图 3-8　自动站控制原理框图

3.1.5　展望

我国辐射环境自动监测系统的建设和运行已日渐成熟，经过 500 个辐射环境空气自动监测站以及核电连续监测系统的建设运行，我国辐射环境自动监测技术在标准化、规范化以及整体技术水准上已获得极大的提高，目前已经迈上了标准化的道路。

下一步，为进一步发挥自动站的综合效能，需重点关注以下几点：

第一，辐射环境自动监测系统质量保证的特殊性。辐射环境自动监测系统的运行使用与实验室分析设备的运行使用存在很大差异，在质保措施的具体实现方面有其特殊性，无法照搬实验室的通常做法，因此如何做好辐射环境自动监测系统的质量保证是下一步必须着力解决的问题。

第二，国产探测器可靠性问题。无论是第一代系统采用的还是最近在一些国家项目中采用的国产探测器，运行可靠性和数据有效性都有待进一步提高，这是我国辐射环境监测自动站最大的软肋和痛处，也是必须要各方合作、协力克服的难点。

第三，提高数据综合分析能力。先进监测手段的不断引入，对数据分析的能力提出了新要求,纵观我国辐射环境自动监测数据分析,基本还停留在单点位剂量率分析,方法也是采用传统的半经验的手段,如何利用先进的大数据、人工智能分析技术,提高自动监测数据的综合分析能力是下一步要着重解决的问题。

第四,进一步拓展 NaI 谱仪自动监测应用。随着自动站建设的发展,NaI 谱仪纳入了标准配置。结合辐射监测的现场操作需求和国内外研究发展经验,需要对 NaI 谱仪的实际使用功能进行开发并扩展其应用,从而提升自动站的智能化水平,确保当前在线式 NaI 谱仪分析测量朝着测得真、测得准、测得全、重质量、重时效的方向全面发展。

3.2　全国自动监测网点位布设

3.2.1　全国自动监测网的形成

(1)第一批国控网自动站确定

辐射环境自动监测站是国家辐射环境监测网(简称“国控网”)的重要组成部分。2006 年,原国家环保总局印发《国家辐射环境监测网站点布设原则与要求》(国环辐监〔2006〕21 号),启动了第一批国控点的建设,2007 年通过《关于确定国家辐射环境监测网第一批国控点点位的通知》(环办函〔2007〕168 号)确定了省会城市的 25 个辐射环境自动监测站为国控点,2008 年通过《关于增补国家辐射环境监测网第一批国控点点位的通知》(环办函〔2008〕60 号)又增补了 11 个自动站,覆盖了所有省会城市。上述 36 个自动站形成了我国初期的全国辐射环境自动监测网络。

(2)自动监测网初步形成

在总结已建辐射环境自动监测站运行经验的基础上,原环境保护部通过“2008 年中央财政污染物减排专项资金核与辐射监测能力建设项目”,在全国范围内又新增了 100 个辐射环境自动监测子站;2011 年 100 个站点全部安装调试完毕,进入试运行阶段;2012 年 11 月,项目通过整体验收,投入正式运行。

同时,在 31 个省级辐射环境监测机构各建设了一个辐射环境自动监测站数据汇总中心,在环境保护部辐射环境监测技术中心建设了一个汇总 31 个省监测数据的全国辐射环境自动监测数据汇总中心,将已运行的 36 个辐射环境自动监测子站和该项目的 100 个辐射环境自动监测子站,以及今后拟建的辐射环境自动监测子站进行统一的数据汇总和管理,相关管理部门可通过网络实时查询全国或局部地区的辐射环境质量状况,获取相应的辐射环境监测数据,并可在事故应急状况下,第一时间获取事故现场周边辐射环境自动监测站的监测数据,以了解事故的影响程度和范围。至此,我国的辐射环境自动监测系统初步形成。

(3)日本福岛核事故后进一步加强自动站建设

2011 年日本福岛核事故后,为加强东北边境地区及其周围的核与辐射应急预警监测能力和核泄漏辐射环境应急监测能力,原环境保护部于 2011 年实施了“中央财政主要污染物减排专项——重点省市核与辐射应急监测调度平台及快速响应能力建设项目”,在东北边境地区及山东建设了 15 个自动站,以便对来自境外的核与辐射污染进行预警。为加强我国运行核电站周边地区辐射环境监测,2012 年原环境保护部实施“中央财政主要污染物减排专项——重点省市核与辐射应急监测调度平台及快速响应能力建设项目”在浙江、江苏和广东省运行核电站周边地级城市建设 10 个自动站。

(4)自动监测网正式形成

“十三五”期间,国家进一步加大对辐射环境监测工作的投入,将辐射环境监测网络建设纳入《“十三五”生态环境保护规划》(国发〔2016〕65 号)、《生态环境监测网络建设方案》(国办发〔2015〕56 号)和《核安全与放射性污染防治“十三五”规划及 2025 年远景目标》等相关规划予以推动。2016 年,通过中央本级能力建设项目,原环境保护部在西藏、云南、内蒙古的重要边境地区建设 6 个自动站,于 2019 年投入正式运行。2017 年至 2019 年,通过中央本级能力建设项目,共建设 331 个自动站。其中 2017 年该项目在核电站周边地区、东北地区、重要核设施所在省份及京津冀地区地市级行政区新建 96 个自动站,2020 年正式投入运行;2018 年该项目在其他重要核设施所在省份、边境省份和长江经济带省份的地市级行政区、大气辐射环境背景地区和部分敏感地区建设 110 个自动站;2019 年该项目在部分省份地级行政区、核电站所在地及周边县级行政区、边境口岸所在地、敏感地区和大气辐射环境背景地区建设 104 个自动站;此外 2018 年备品备件项目在部分海岛、敏感地区建设 21 个自动站,以上项目自动站于 2020 年投入试运行。

至“十三五”末,辐射环境自动监测站点达到 500 个,正式形成覆盖全国所有地级以上城市及重要边境口岸等敏感地区的大气辐射环境自动监测网络。

3.2.2 自动监测网点位分布

3.2.2.1 所有地市级及以上城市

由图 3-9 可知,我国自动监测网的点位中有 80%左右布设于地市级及以上城市,这些城市人口密度大,自动站建设和运维条件较好。正常情况下可实现环保部门及时了解辐射环境质量状况,向公众报平安的目的;在事故情况下,可以及时了解放射性污染扩散情况,为事故应急决策提供参考,确保公众健康,满足核与辐射安全监管及公众知情权的需求。目前,我国辐射环境自动站已覆盖至全国所有地市级及以上城市。

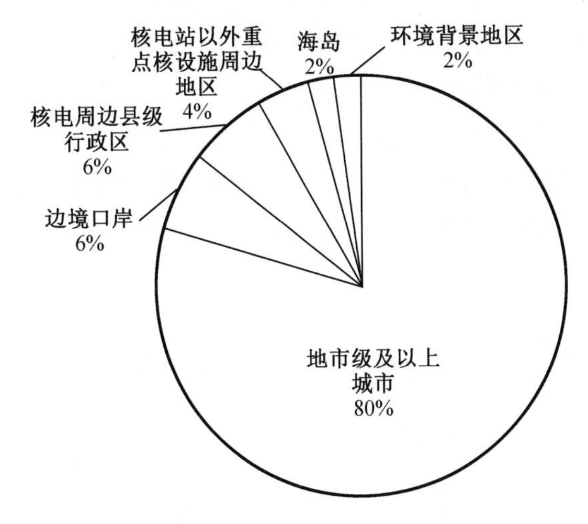

图3-9　自动监测网点位分布

3.2.2.2　核电站周边县级行政区

核电站是我国核与辐射安全监管的重中之重,国家高度重视对核电站的监管。我国政府已在各核电站厂区外围建设了辐射环境监督性监测系统,实时监督监测核电站对环境的排放,预警可能发生的核电厂事故,及时为环境保护行政主管部门提供监测数据和其他环境信息,为管理决策提供依据,保障周围环境安全和公众身体健康。

为消除公众对核电环境污染的疑虑,促进核电厂与当地及周边地区公众的和谐相处,同时积极预警可能发生的事故和污染排放,保障环境安全,保障核电事业的可持续发展,在监督性监测系统之外,在核电站周边地区布设适当数量的辐射环境自动站,这样可在核电站发生核事故时,及时获得核电站主导下风向辐射水平,快速确定污染区域,为管理部门决策提供重要依据。

我国运行和在建核电站几乎全部集中在沿海地区,涉及辽宁、山东、江苏、浙江、福建、广东、广西、海南等8个省份和自治区,这些地区经济条件较好、交通比较便利、辐射环境监测能力相对较强。核电周边自动站主要布设于核电所在县级行政区及下风向邻近县级行政区。

3.2.2.3　核电站以外重点核设施周边地区

核电站以外的研究堆,实验堆,核燃料生产、加工、贮存和后处理设施,铀矿冶设施等也是我国重点监管的核与辐射设施,在其周边地区建设自动站有利于加强辐射环境监测,消除公众对核设施导致环境污染的疑虑,促进当地及周边地区的和谐,同时有利于预警可能发生的事故和污染排放,保障环境安全。

3.2.2.4　重要边境口岸

与我国接壤的国家中既有朝鲜、俄罗斯、巴基斯坦、印度等有核国家,又有哈萨克斯坦、吉尔吉斯斯坦、塔吉克斯坦、阿富汗、尼泊尔、不丹、缅甸、老挝、越南等无核国家,我国跟这些国家接壤的省、自治区总计有8个,分别为黑龙江、辽宁、吉林、内蒙古、新疆、西藏、云南和广西等,其中与有核国家接壤的省、自治区有6个。

与我国接壤的有核国家均存在着较大的核环境不安定因素,与我国毗邻的中亚更是当前全球核材料走私最为猖獗的地区之一,而我国东南部也面临日本等核事故威胁。因此,有必要在重要边境口岸建设自动站,以加强边境放射性预警监测能力。

3.2.2.5 海岛

设置县级行政区且具备自动站建设、运维条件的重要海岛。

3.2.2.6 大气辐射环境背景监测

为反映我国全国大气辐射环境质量背景状况及变化情况,获取我国大气辐射环境质量具有代表性的背景监测基本数据、综合数据及长期数据,为更准确地评价全国性辐射环境的变化趋势提供参考,系统地、连续地说明我国整体层面的和区域层次的辐射环境空气状况、变化趋势以及对自然资源和公众的影响,在我国较大地理单元和大气环流主要通道建设一定数量的辐射环境自动监测站,对大气背景值进行监测。同时,通过背景站建设,获得背景监测站建设、技术和运行维护的经验,丰富我国的辐射环境自动监测类型,提升辐射环境自动监测水平,完善国家辐射环境背景监测技术规范体系。

背景站的建设主要考虑全国的地势分布和大气流场的分布,能在较长时间跨度和较大空间范围内掌握我国较大地理单元和大气环流主要通道的辐射环境质量背景状况及变化情况;同时由于放射性污染物随大气移动和扩散与地势分布和大气环流紧密相关,背景站还能起到预警作用,为评价放射性污染物的扩散情况提供重要参考。

我国背景站的布设主要考虑山脉和地理区域这两个因素。

(1)山脉

中国的主要山脉有:天山—阿尔泰山脉、帕米尔—昆仑—祁连山山脉、大兴安岭—阴山山脉、燕山—太行山山脉、长白山山脉、喀喇昆仑—唐古拉山山脉、冈底斯—乌蒙—武陵山脉、东南沿海山脉及海南山脉。

东亚季风环流是影响我国气候最直接的因素。冬季高空基本气流为西北风,低层自北向南分别盛行干冷的西北、北和东北季风;夏季高空北纬30°以北为西风,以南为东风,低层自南向北为湿热的西南季风和偏南到东南风,因而形成了随盛行风的转变,在环流、天气系统、气团性质等方面都发生明显变化的气候特征。中国四季流场各有特点,冬夏季风的季节性交替过程,不但规定了季风区域,还因环流、地形及地理位置的不同,形成了各地的气候差异。

(2)地理区域

在我国东北、华北、华东、华南、西南、西北6大区域和南海选择具有代表性的点位,如东北地区的吉林长白山和黑龙江抚远、华北地区的北京、华东地区的福建武夷山、华南地区的广东南岭、西南地区的四川九寨沟、西北地区的青海高原和新疆乌鲁木齐、海南三沙永兴岛等。

这些背景地区地理位置关键,并且面积广阔、自然生态好、生物多样性丰富、人口密度很低、城市和工业影响极小,同时具备道路交通、电力、通信和水基础设施的条件,大多已建有环境背景监测站,能更好地利用现有资源条件。

3.3　自动站选点要求

3.3.1　选址原则

自动站位置和数量应具有较好的代表性,符合国家规划和核与辐射安全监管工作要求,兼顾区域面积和人口因素,充分考虑陆地代表性和居民剂量代表性。

(1)稳定性

自动站选址应与所在区域建设规划充分衔接,以保证监测数据的连续性和可比性。原则上点位一经确定,不得变更。

(2)规范性

自动站选址应符合辐射环境监测相关国家标准和规范要求。

(3)保障性

自动站选址应综合考虑通信、交通、安全、供电、防雷、防水淹等保障条件,方便自动站建设和运行维护。

(4)适宜性

所选位置能保障自动站长期稳定运行,尽量降低周围人为活动对监测结果的可能影响,并满足声功能区划要求。

3.3.2　选点要求

最好选择一体化方舱作为自动站站房,将探测及采样等设备置于房顶或地面。

(1)位置要求

应优先考虑选在生态环境部门现有基础设施内,以及气象、地震台站等基础设施条件和长期稳定性较好的地点。

(2)位置类型

①平地

在平地上,自动站选址原则上选择周围环境相对稳定、开阔平坦的陆地,占地面积一般不小于 30 m^2。自动站与铁路路基距离不小于 200 m,与公路路基距离不小于 30 m,与大型水体距离不小于 500 m,与高大建筑物距离不小于 30 m,避开陡峭的山体。与住宅、树林保持适当距离。γ 辐射剂量率值处于当地本底水平涨落范围内。

②楼顶

空间:自动站选址在人为活动较少的平坦楼顶,四周的建筑物、山体等原则上均不应高于楼顶高度。四周最多一个方向可有高大屏蔽体,且自动站与该屏蔽体的距离原则上应不小于 25 m。

承重:楼顶载荷应满足自动站及相关仪器设备质量要求,一般要求为 2000 年后建造的框架结构房。

面积:为充分发挥各设备效能,防止相互干扰,楼顶可供自动站使用面积原则上不小于 20 m^2。

(3)基础设施要求

①供电:三相五线式供电方式。原则上采用市电,不应使用农电,线电压为 380 V,功率不小于 20 kW,电压稳定性好于±10%。

②防雷:具备防雷施工条件。

③通信:站点应具备电信部门稳定的有线数据通信链路和无线通信信号。

④安全:利用栅栏等手段建立相对独立的自动站站址空间。

参考文献

[1] DECAMPO J A , BECK H L , RAFT P D . High pressure argon ionization chamber systems for the measurement of environmental radiation exposure rates[J]. IEEE, 1972(1): 71-74.

[2] 李建平,汤月里,邵贝贝,等. 智能化环境中子、γ 监测系统[J]. 高能物理与核物理, 1988(1):12-18.

[3] 卜万成. 环境放射性连续监测的实施[J]. 辐射防护通讯, 1989(04):19-22.

[4] 莱岫江,岳清宇. 环境辐射的连续监测[J]. 中华放射医学与防护杂志, 1990, 10(5):334-338.

[5] 卜万成,毕克娜,宣义仁. 环境放射性连续监测[J]. 辐射防护通讯,1993(3):14-20,28.

[6] 岳清宇,肖雪夫,金花. 核设施环境连续监测[J]. 原子能科学技术,1997,31(01):35-43.

[7] 金花,岳清宇,王文海. 核设施环境 γ 辐射连续监测系统[J]. 原子能科学技术, 1997, 31(03):204-210.

[8] 杨斌. 我国环境 γ 辐射连续监测发展的回顾与展望[J]. 辐射监测工作通讯,2010(12): 23-29.

[9] 章昕欲,王侃,倪士英,等. 空气辐射环境自动监测站建设技术初探[J]. 环境与可持续发展, 2013,38(3):48-51.

[10] 章昕欲,马永福,梁梅燕,等. 全国辐射环境自动监测系统运行维护方案探讨[J]. 环境与可持续发展, 2014, 39(2):59-61.

[11] 王亮. 辐射环境自动监测站的简介与运维经验浅谈[J]. 四川环境, 2013, 32(4):144-150.

[12] 李雪贞. 北京市辐射环境自动监测系统研究[J]. 安全与环境工程, 2013, 20(2):113-117.

[13]　俞冬梅,任天山,朱立,等. 我国城市辐射环境自动监测网建设研究[C]//全国核电子学与核探测技术学术年会. 北京:中国核学会,2006:509-513.

[14]　徐翠华,任天山,付杰. 国外环境放射性监测网的现状及发展趋势[C]//全国放射医学与防护学术交流会. 中华医学会, 2006:179.

[15]　任天山, SEARSR R, GRUGGS J,等. 中美环境辐射监测系统比较[J]. 中华放射医学与防护杂志,2007, 27(1):91-96.

[16]　王侃,章昕欲,马永福,等. 我国辐射环境自动监测系统建设的回顾与展望[J]. 环境与可持续发展, 2014, 39(3):56-58.

[17]　钮云龙,杨维耿,王侃,等. 全国辐射环境自动监测站运行维护及工作规划[J]. 辐射防护通讯, 2016, 36(6):21-25,29.

[18]　钱贵龙,杨维耿. 辐射环境自动监测站运行管理存在的问题及对策探讨[J]. 绿色科技, 2016(6):89-90.

[19]　黄彦君,上官志洪,赵锋,等. 欧洲的辐射环境监测[J]. 辐射防护通讯, 2008, 28(4):16-22.

[20]　张瑜,杨维耿. 浅谈核电厂辐射环境现场监督性监测系统建设要求及建议[J]. 环境与可持续发展, 2015, 40(4):51-53.

[21]　宋建锋,胡丹,丁逊,等. 秦山核电基地第二代外围环境 γ 辐射连续监测系统运行 10 年回顾[J]. 核电子学与探测技术, 2014, 34(1):98-102.

[22]　刘建,杨斌. 秦山核电基地外围环境 γ 辐射连续监测系统[J]. 辐射防护, 2005, 25(5):296-304.

第4章　辐射环境自动监测系统的建设技术

一个完整的辐射环境连续监测系统,包括若干个由探测器、前置放大器、数据采集器组成的监测子站,以及相应的一系列通信线路、网络,具备一定的数据分析处理能力并能将监测数据按需要传输到各个部门。对监测系统方案的选择是一项技术性强的决策工作,最终方案的确定与体制、政策法规、资金、决策者意图、公众心理承受能力等种种因素有关。

4.1　建设路线

大气辐射环境自动监测国控点位已覆盖到所有地市级及以上城市、核电站周边县级行政区、核电站以外重点核设施周边地区、重要边境口岸和重要海岛。为了保证大范围、全参数的辐射监测和比照,系统、连续地说明我国整体层面和区域层次的辐射环境空气状况、变化趋势,以及对环境和公众的影响,为公众提供辐射环境状况信息,满足公众了解环境质量的需求,提升政府的信息公开程度,需实现辐射环境监测数据网上实时发布。随着点位的扩充以及监测项目的增加,自动站基本具备对监测数据进行存储、处理、分析和展示,同时保证数据的完整性和安全性功能,但无法实现所有监测数据的处理、在线实时传输、全天24 h查看等功能。目前达到全天24 h自动监测的项目只有γ辐射空气吸收剂量率、NaI谱仪以及气象参数,另外的气溶胶、空气中的碘、干湿沉降物等仅是自动采样,样品送实验室进行测量分析后人工报送。随着辐射环境监测的要求不断提高,自动站将进一步提高自动化功能。

4.2　建设原则

4.2.1　统一规划、分步实施

由国家统一规划全国辐射环境自动监测能力建设,本着最大程度发挥资金效益,分批分阶段建设全国辐射环境自动监测网络,采用标准化统一标配,硬件与软件建设并举,首先满足目前基本工作需要,适当考虑后续发展需要,优化监测站点总体布局,具备连续动态、数据共享、快速响应的环境辐射监测能力,建立自动和常规相结合、互为补充的监测技术体系。

4.2.2　提高自动化、智能化、先进性和可操作性

提高自动站的自动化水平和网络运营化,实现监测结果的智能处理,保持其先进性;提高仪器设备的装备水平、远程集控及容错运行能力,确保自动站的可操作性和网络的运行稳定,推进全国辐射环境自动监测水平整体提升,加快我国辐射环境自动监测的现代化建设,完善全国范围内的核与辐射自动监测技术体系。

4.3　建 设 内 容

辐射环境自动监测系统由数据汇总中心和若干自动站构成。

4.3.1　自动站建设内容

自动站主要功能是开展 γ 辐射剂量率连续监测,大气中 γ 核素定性识别及气溶胶、碘和沉降物样品采集等,一般由大气辐射环境监测设备(辐射剂量率监测仪、γ 能谱仪等),采样设备(气溶胶、空气中碘、干湿沉降物采样器等),气象设备,控制设备,数据采集处理和传输设备,供电、防雷及站房基础设施等组成,实行动态配置、标准化建设,满足装备现代化、技术规范化、方法标准化、质量保证系统化的总体目标,具体内容见表 4-1。

表 4-1　自动站主要设备配置

序号	设备名称	功能和用途	数量
1	γ 辐射剂量率测量仪	实时连续测量 γ 辐射空气吸收剂量率	1
2	γ 辐射能谱仪	预警及 γ 核素定性分析	1
3	超大流量气溶胶采样器	气溶胶采样	1
4	气碘采样器	气碘采样	1
5	干湿沉降物采样器	沉降物采样	1
6	降雨感应器	感应降雨	1
7	自动气象仪	测量气象参数	1
8	氡及其子体测量仪(选配)	测量氡及其子体	1
9	太阳能电池板(选配)	供电	1
10	数据采集通信及系统集成	数据采集与传输	1
11	站房及配套设备,安保、基础设施和技术服务	集成各种仪器设备	1

超大流量大气辐射环境自动监测站是集空气采样、滤纸切割、样品制样、样品衰减、样品测量于一体的全自动型辐射环境监测站(简称"全自动监测站"),由特征核素甄别系统和配套组件组成,配置超大流量气溶胶采样器、电制冷高纯锗 γ 谱仪、溴化镧探测器、高气压电离室、气象站等设备和专用软件平台。其中特征核素甄别系统将普通监测自动站中的超大流量气溶胶采样器与高纯锗 γ 谱仪整合在一起,依靠智能的机械化设备完成,较大地提高了气溶胶采样效率,其测量结果基本可达到实验室的测量水平。以此构成的自动化采样与测量系统具备的本质性优点在于可用于偏远地区的放射性气溶胶定量监测,具备快速响应、高灵敏度和准确性的特点,且能够大幅节约运行、维护成本,提高边境地区、核电厂/核设施周边的辐射环境监测水平和应急预警监测能力。

特征核素甄别系统是由超大流量采样单元、全自动滤纸制备单元、实验室电制冷高纯锗 γ 测量单元三个主要部分组成。三个单元协同运行,可以完全自动化地完成气溶胶颗粒采集、滤纸制备和样品测量,且测量结果接近实验室的测量效果。

高纯锗 γ 谱仪是全自动站测量的核心部分,其测量数据的准确性是评价全自动站真实测量水平的最重要因素。高纯锗在全自动站内的作用是做气溶胶核素识别和高精度的核素活度分析,因此,需对高纯锗做能量刻度和效率刻度及其他一些设置,这些设置包括:核素库编辑、QA 测量设置、样品分析设置、本底分析等。设备的调试主要为了实现高纯锗与采样的同步:换样前高纯锗停止测量,并保存分析谱文件;换样完成后自动启动高纯锗测量,每 2 个小时高纯锗自动保存一次谱数据,最后保存一个 24 小时的总谱作为样品的分析谱。

全自动监测站的配套组件包含辅助的在线监测设备、数据采集与通信设备、站房与配套设施等。

4.3.1.1 辐射环境监测仪器设备

能满足正常和应急情况下对环境 γ 辐射剂量率的自动连续监测和 γ 辐射能谱的定性自动分析,并实现空气中放射性气溶胶、碘、干湿沉降物样品的采集,可连续测定与收集气象监测数据。主要性能应满足表 4-2 的要求。

表 4-2 监测仪器设备配置主要性能要求

设备名称	用途和性能要求
γ 辐射剂量率测量仪	(1)用于环境 γ 辐射剂量率的自动连续在线监测,可选用高压电离室型或综合性能更优的设备。 (2)环境温度:-25 ℃~50 ℃(配百叶箱,高寒地区可外配设备以满足环境需求)。 (3)相对湿度:≤95%。 (4)量程范围:10 nGy/h~1 Gy/h。 (5)温度特性优良。 (6)能量响应:60 keV~3.0 MeV 相对于 ^{137}Cs 参考 γ 辐射源响应之差<30%。 (7)具有联网功能。 (8)量程、线性、固有量程、长期稳定性、响应时间、统计涨落、抗振动等性能指标优秀

表 4-2(续 1)

设备名称	用途和性能要求
γ 辐射能谱仪	用于环境中 γ 核素的分析与识别,可进行定性分析,同时进行环境 γ 辐射剂量率的连续监测。综合性能指标不低于以下指标: (1)优先采用对核设施排放的典型核素探测限低的探测器,其探测下限应不高于 NaI(Tl)γ 谱仪的探测下限。 (2)含谱分析与解谱软件,可计算总剂量率,以及不同核素对于总剂量率的贡献,可手动添加核素库,至少可设置 10 个感兴趣区。 (3)数据存储:仪器可设置采样频率,可保存 5 min 谱数据一个月以上。同步实现:剂量率测量,实时采谱、核素识别。 (4)分辨率:≤7% (^{137}Cs, 662 keV)。 (5)稳定性(道飘)性能优良。 (6)MCA:1024 道及以上。 (7)测量周期:可设定。 (8)操作温湿度范围:满足当地气象条件,能自动稳谱,消除峰飘影响。 (9)具有联网功能。 (10)谱文件应存储所有采集和分析的参数,可使用第三方软件不需外部其他输入参数的情况下,做进一步分析。 (11)剂量率量程、探测效率、仪器标称计数通过率、能量范围、核素识别能力、核素报警能力、高低温湿度性能影响、长期稳定性、振动等性能指标优秀
氡及其子体测量仪	(1)氡最低探测限≤2 Bq/m^3;子体最低探测限≤0. 5。 (2)测量周期可选,10 min 或者 60 min。 (3)至少存储 20 d 的测量数据(10 min 测量周期的数据)。 (4)具有联网功能,能实现启动、停止,定时采样远程控制功能
超大流量气溶胶采样器	(1)用于空气中放射性气溶胶的快速采集。 (2)环境温度、相对湿度:满足当地气象条件(采样空气无结露)。 (3)气溶胶流量:≥600 m^3/h。 (4)外壳及所有关键部件必须经过特殊处理,可在高温、高湿、强盐雾、台风等恶劣天气下使用。 (5)具备过载保护、过热保护。 (6)数据显示:瞬时流量、采样累积体积、采样累积时间,断电后数据不会清空。实时数据上传:具备通信接口,可将实时数据上传。 (7)具有联网功能,能实现启动、停止,定时采样远程控制功能。 (8)流量稳定性和误差、气象参数误差、负载能力、气密性、噪声等性能指标优秀
气碘采样器	(1)用于空气中碘(微粒碘、有机碘、无机碘)的快速采集。 (2)环境温度、相对湿度:满足当地气象条件(采样空气无结露)。 (3)碘采样流量:0~12 m^3/h,采样流量可调。 (4)外壳及所有关键部件必须经过特殊处理,可在高温、高湿、强盐雾、台风等恶劣天气下使用。 (5)数据显示:瞬时流量、采样累积体积、采样累积时间,断电后数据不会清空。实时数据上传:具备通信接口,可将实时数据上传。 (6)具有联网功能,能实现启动、停止、定时采样远程控制功能。 (7)满足《空气中^{131}I 的取样与测定》(GB/T 14584—1993)对设备的要求

表 4-2(续 2)

设备名称	用途和性能要求
干湿沉降采集器	(1)用于干沉降物及降水样品的连续自动采集。 (2)环境温度、相对湿度:满足当地气象条件。 (3)采样方法:满足 HJ/T61 的要求。 (4)采样器:采用双桶模式,每个采集桶的采样面积大于 0.25 m^2,深度大于 30 cm。雨水采样桶容量:>40 L,能防止沉降物随水从盘中溢出。采样器上口离基础面 1.5 m。 (5)感雨器灵敏度:<1 mm/min,雨量数据。 (6)具备自动存储、上传降雨、感雨信息。 (7)沉降物与降雨必须交叉采集、存储,即下雨时沉降物采集桶封闭,只采集雨水、雨量等。不下雨时,雨水采集桶封闭,只采集空气中沉降物。 (8)具有联网功能
气象参数测量设备	(1)用于环境中气象数据的连续测定与收集,参照《地面气象观测规范》QX/T 45 执行。 (2)风速:范围为(0~60)m/s,分辨力 0.1 m/s。 (3)风向:方向性为 0°~360°,分辨力 3°,准确度±5°,能自动修正方向。 (4)温度:范围为-40 ℃~50 ℃,分辨力 0.1 ℃,准确度 0.2 ℃。 (5)相对湿度:范围为 0%~100%,分辨力 1%。 (6)气压:范围为 500~1 100 Pa,温度漂移小于 0.1 hPa。 (7)感雨计:①分辨力 0.01 mm;②自动采样速率:1 次/min。 (8)雨量计:①盛水口径为 ϕ200 mm,分辨力 0.1 mm;②雨强为(0~4)mm/min。 (9)太阳辐射:①总辐射范围为 0~1 400 W/m^2,准确度为 1 W/m^2;②净辐射范围为-200~1 400 W/m^2,准确度为 1 W/m^2。 (10)安装:风参数传感器离开地面至少 10 m

4.3.1.2 控制设备

实现对重要设备进行自动控制和状态监控,便于工作人员对站点内的设备进行管理和维护,尤其是对自动站的连续监测仪器、数据采集设备、前端采样仪器等重要设备进行状态监控并进行相应操作控制。自动站控制设备配置主要功能要求应满足表 4-3 的要求。

表 4-3 自动站控制设备配置主要功能要求

设备名称	用途和性能要求
控制设备	(1)用途:对重要设备进行自动控制和状态监控。 (2)对气溶胶连续采样器、碘连续采样器等采样设备的计划采样流量、计划采样体积、计划采样时间等参数进行设置,并能远程控制,读取这些设备以及 UPS、电池等设备的运行信息。能对采样设备进行开机、关机等远程操作。 (3)自动站现场环境监控系统所监控的主要内容包括:动力配电监测、自动空调监测、UPS 监测、太阳能供电监测、温湿度监测、开门信号监测、安防视频监控等。能实现声光、手机短信等各种报警。 (4)自动站工作环境温湿度:监控自动站室内的温湿度,控制自动站的降温或加热满足当地环境温湿度范围的需要。 (5)工业级及以上设备,接口必须满足仪器、设备集成要求,考虑热备。 (6)能够监控电源情况,根据供电情况做出响应控制;在电源中断,电池供电不足且耗尽的极端情况下可以自动休眠或关机,在供电恢复时自动恢复系统运行

4.3.1.3　数据处理设备

可将各类监测数据进行采集、处理、存储、传输和显示，确保数据安全，其软件系统包括数据通信传输及处理软件。自动站数据处理设备配置主要功能应满足表 4-4 的要求。

表 4-4　自动站数据处理设备配置主要功能要求

设备名称	用途和性能要求
数据处理设备	(1)数据采集设备可以与现场各种仪器设备的输入/输出的模拟、开关和数字信号连接，数据采集与传输应完整、准确、可靠、安全。采集系统软件进行数据的采集、处理与传输，需具备通用性强、可扩展性强、维护方便的特点。系统应稳定可靠，考虑热备，具备自检及死机自动恢复功能，平均无故障运行时间≥10 000 h 时。 (2)数据存储功能：数据可以在本地数据库中至少保存三个月。 (3)能按要求接受、处理和反馈远程控制命令，并支持远程中心历史数据查询、参数设置等指令。 (4)采集设备采用工业级、低功耗、高稳定性的嵌入式软硬件设计，设备应具有可扩展性(端口及距离)。 (5)在适宜的自动站外可部署一块 LED 屏(具体位置现场确定，原则上可在大门上方)，能够实时显示自动站的剂量率监测数据，以便及时让公众了解相关信息，与控制设备的显示器同步显示，确保满足恶劣环境下长时间稳定可靠地工作。 (6)系统应配备适当的安全防护设备，防止断电、雷击或其他故障时设备异常损坏
软件	(1)软件应具有良好的可扩充性和维护性。具备强大、良好的用户界面，现场以图形化方式动态显示系统的实时运行状态、设备状态、监测数据，并支持在 LED 屏上显示监测结果。在采集数据同时可实现改变控制参数、发送控制命令、浏览控制状态、设置参数等人机交互功能，并自动保存历史数据。 (2)本地数据展示功能：实时显示当前的高压电离室 γ 辐射剂量率值、γ 谱及气象参数。 (3)日志功能：可导出本地日志，记录整体自动站的运行情况，协助进行故障排查。 (4)报表功能：可导出本地报表。 (5)安全软件：查/杀毒等安全软件。 (6)超阈值报警，异常监测数据能自动识别，手机报警
通信	(1)通信功能：与数据汇总中心持续通信，将数据库中所有数据上传至数据汇总中心，通信时需区分有线与无线通信双线路功能，且各自具备独立的传输通道；数据传输频率应不低于 1 次/分钟，并可根据管理要求远程设定更改；支持数据断点续传，保证自动站与数据汇总中心通信连接中断时不会造成数据丢失。 (2)通信故障恢复功能：在通信中断时会自动尝试与数据汇总中心建立连接，建立连接后首先进行历史记录同步，保证数据汇总中心与自动站数据完全一致

4.3.1.4 基础设施及备品备件

能为自动站的各种仪器设备提供基础运行环境保障,包括供配电、UPS、空调、防雷、安保、自动站现场环境监控、辅助系统等。自动站基础设施设备主要性能应满足表4-5的要求。备品备件数量按照辖区内大气辐射环境自动监测站设备的10%~20%要求配置。

表4-5 自动站基础设施设备主要性能要求

设备名称	用途和性能要求
基础设施设备	(1)自动站站房:站房在野外条件下使用,要充分考虑当地的气候条件,具备防风、防雨、防雷电及保湿隔热功能,应考虑必要措施,保证站房内环境温度满足设备的要求,能满足恶劣环境长期可靠运行,并留有余量,按无人值守要求设计。①一体式自动站站房箱体外部的涂层及金属部件应具有抗盐雾、抗霉菌能力。应在站房周围设置防盗栅栏等防盗措施,平地型站房栅栏成矩形且离站房最近距离不小于2 m,高度不小于3 m。需在楼顶边缘铺设1.2 m高铁栅栏。对楼顶承重方面要求为2000年以后建造的框架结构楼房楼顶。楼顶载荷大于250 kg/m^2,两根承重梁的距离小于6 m。②利用现有设施的站房:站房与探测器的距离原则上不应大于30 m,并有条件铺设管线。 (2)自动站供配电:在保证市电供电的前提下,可选配绿色供电方式(如小型风光发电系统、太阳能发电系统),并配置交直流转换装置,给直流负载供电。自动站断电情况下,电力供应优良地区主要设备负载供电时间≥48 h,电力供应不良地区及农电供应地域主要设备负载供电时间≥72 h。 (3)自动站防雷:自动站的防雷设计标准参照《自动气象站场室防雷技术规范》执行。电子设备应同时具有信号电路接地(信号地)、电源接地和保护接地等三种接地系统。除另有规定外,电子设备接地电阻值不宜大于4 Ω。电子设备接地宜与防雷接地系统共用接地网,其接地电阻不应大于1 Ω。在土壤电阻率大于1 000 Ω·m的地区,可适当放宽其接地电阻值要求。低压配电系统应安装满足要求的相应的SPD(电涌保护器)进行多级保护。 (4)自动站安保:可选配1套摄像机及视频处理存储设备,用于查看自动站设备运行情况,视频存储至少满足1个月以上。 (5)自动站站房辅助设施:包括设备机柜、配套安装辅材、配套安装标签、配套安装线缆、操作台等。配套设备机柜要求采用标准机柜,要求安装规范、整洁。操作台应至少满足一个操作工位,并预留相应数据传输网络、电源等接口

4.3.2 数据汇总中心建设内容

数据汇总中心包括国家数据汇总中心、省级数据汇总中心、数据共享平台。国家和省级数据汇总中心软硬件设施主要包括数据采集与处理系统、数据存储系统、网络与网络安全系统、信息管理系统、应用系统和机房配套设施,具体内容见表4-6。

表 4-6　数据中心主要设备配置清单

序号	设备类型	设备名称	数量（省级）	数量（国家）
1	数据采集与处理系统	中心数据库服务器及软件	2	3
		数据库软件	1	1
2	数据存储系统	磁盘阵列	1	1
		磁带库	—	1
		备份软件	—	1
3	网络与网络安全系统	网络设备(光纤交换机、中心路由器等)	各 1	各 1
		网络设备和交换机(核心网络交换机,外网业务交换安全域交换机,有线、无线网络设备等)	—	各 1
		网络安全设备(网络防火墙)	1	2
		网络安全设备(物理隔离网闸、网络安全审计系统、网络密码机、密钥管理中心、终端管理系统、入侵检测及防御系统、漏洞扫描系统、AAA 认证系统、黑洞抗拒绝服务系统等)	—	若干
		企业版杀毒软件	2	3
4	信息管理系统	网络管理服务器	—	2
		外部数据交换应用信息发送服务器	—	2
		传真管理系统、传真服务器	—	各 1
		智能移动终端及软件	—	—
		远程监控协作系统、信息发送系统等	—	各 1
5	应用系统	计算机终端	2	3
		大屏显示	1	—
		显示矩阵	—	1
		数据处理软件(Spass、Origin 等)	—	若干
6	机房配套设施	数据汇总中心改造、机柜、不间断电源 UPS 等辅助设施	1	1

4.3.2.1　技术要求

数据汇总中心采用主流架构,硬件设备采用市场主流配置,基础设施和辅助设施应满足《电子信息系统机房设计规范》(GB 50174)的要求。数据汇总中心具备数据采集、传输、监控、处理、汇总、分析、显示及各种报告、报表自动生成等功能,并且能评估监测结果,至少包括数据采集与监控、数据信息处理汇总、评估与显示等模块。数据汇总中心软件平台具有在线升级功能。国家数据中心还具有防入侵、AAA 认证、黑洞扫描、审计等网络安全措施,具体要求见表 4-7。

表 4-7 数据汇总中心主要技术要求

名称	技术要求
数据采集与监控	(1)数据采集功能:能够实时地从子站提取监测数据、仪器设备运行状态,能实时接收子站数据采集与控制设备上传的数据。 (2)监控:可以对仪器自动站进行控制与操作,获取现场系统、仪器运行状态,能够经授权后修改自动站的参数,包括自动站校正系数、报警设置等。 (3)以有线和无线方式实时同步传输自动站数据至省级数据汇总中心。无线方式同步传输监测数据至国家数据汇总中心。 (4)定时自动检查无线传输功能的有效性,并给出信息,当有线方式故障时,能自动切换到无线方式。 (5)全国数据汇总中心接收省级数据汇总中心
数据信息处理汇总	(1)数据查询:数据查询可按基本信息或监测数据内容进行查询,也可以选择自定义查询模板查询,支持精确查询、模糊查询等查询方式,查询结果可以导出 excel,txt,word 等格式的文件方便保存。 (2)数据图形报表:可采用自动和手动两种模式,对收集到的数据进行汇总,按照需要生成各种报表,包括上报报表、分类报表、分项报表等。自动模式是指系统在操作人员设置的时刻,自动从网络服务器数据库获取环境监测数据生成各类报表;手动模式是指操作人员使用管理软件从网络服务器数据库获取环境监测数据,并生成各类报表。 (3)安全管理:具有安全登录和权限管理功能,防止非授权的使用。对站点进行参数设置,并对用户修改设置和数据等操作保留日志记录;国家数据汇总中心具有权限分配和管理功能。 (4)统计分析:具有单项指标统计分析查询功能、日均值查看图形、对比分析功能、时段统计分析功能、趋势分析功能;国家数据汇总中心还具有按地区、片区统计分析的功能。 (5)数据备份:所有历史数据可转换通用的数据文件格式保存,能够备份各自动站的系统数据
评估与显示	(1)结合自动监测站不同类型的监测数据,利用剂量评估模型,通过其他途径补充必要的剂量计算数据,得到公众人员评估剂量。参考一般环境质量的表征方法和参数,针对辐射环境质量的影响因素和管理体系的特点,结合全国辐射环。 (2)境监测能力和技术现状,提出表征方法和关键性指标,建立具有可操作性的辐射环境质量判断标准。 (3)电子地图展示:可在电子地图上显示自动站的位置信息。 (4)报警显示:具有完善的多重报警提示功能。 (5)可以多种形式展示子站上传的环境监测数据,提供专业的数据和直观的展示界面。能方便切换,供操作员监测环境中辐射的变化水平和报警状态。应急情况时,为专家提供决策制定的数据
数据共享平台	(1)数据采集和传输:能实时接收自动站数据采集后单位时间内监测数据平均值与控制设备上传的数据。 (2)处理汇总:具有安全登录和权限管理功能,防止非授权的使用;站点基本信息显示;按权限进行公开数据的查询,并对用户操作保留日志记录。 (3)终端应用程序:具有数据展示功能,分地区、分类展示数据

4.4　建 设 标 准

按标准化、模块化、环境自适应、低功耗、兼容性原则建设。重要设备分区、集成；模块具有环境适应性，适应高温、高湿、严寒、风沙等恶劣气候地区；低功率；统一箱体的对外接口等，实现集成箱体的标准化。

控制设备、数据处理设备、基础设施设备等自动站重要设备采取模块化设计。

4.4.1　数据采集模块

数据采集模块是自动站的主控模块，输入、输出以数字信号为主，负责采集高压电离室、NaI 谱仪、气象传感器、雨量计等数据，并监测采样器状态，提供采样器控制功能。

该模块前面板主要布置控制开关（图 4-1），后面板布置各类接口（图 4-2），设备接线主要在后面板进行。设备采用基础模块 UPS 供电，并通过信号防雷器与各仪器设备相连。模拟信号需要经转换为数字信号后接入，采用 Modbus RTU 通信协议。推荐采用 KVM 作为显示单元。

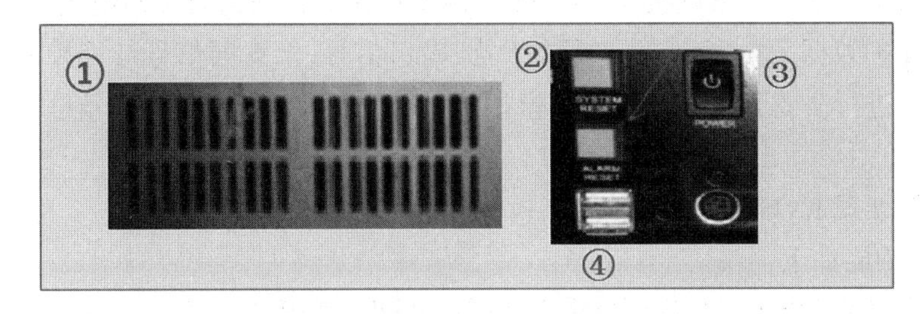

①进风格栅；②系统重置开关；③电源开关；④USB 接口。

图 4-1　前面板视图

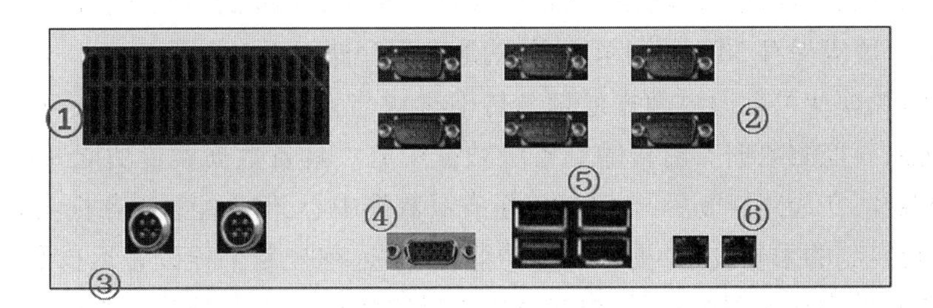

①出风格栅；②串口；③电源输入；④VGA 输出；⑤USB 接口；⑥以太网接口。

图 4-2　后面板视图

（1）技术规格建议

①电压：采用直流电源供电，直流电压 12 V，抗波动范围 9~15 V。

②典型功耗:15 W;最大功耗不超过 20 W。

③能存储 3 个月的测量数据。

④环境工作温度:-20~60 ℃;工作湿度:95%。

⑤采用 19 in(1 in = 2. 54 cm)上机架设计,高度 2 U(1U = 44. 45 mm),深度不超过 510 mm。参考尺寸:482. 8 mm×88. 9 mm×510 mm(*W* · *H* · *D*)。

(2)硬件功能

①电源开关设置在前面板,方便设备的上电和断电。

②系统重置设置在前面板,方便操作系统的重启。

③风扇安装在设备内部。前面板安装有进风格栅及滤网,后面板安装有出风格栅,风扇运行带动气流从进风格栅流入,从出风格栅流出。风扇的运行由设备内部模块控制,运行快慢根据设备内部主板上的温度决定。

④后面板布置设备电源输入接口,采用 4 针航空插头,1 针为正,3 针为负,为设备提供 12 V 直流电压。

⑤前面板布置 2 个 USB 接口,后面板布置 4 个 USB 接口,用于常用设备接入,以及后期扩展。

⑥后面板布置 6 个串口,支持 RS-232、RS-485。可能接入的设备:高压电离室、气象传感器(含感雨)、超大流量取样器、大流量取样器、气碘采样器、干湿沉降采样器、站点状态传感器(UPS 电源、温湿度、安防等)、数据通信与传输模块电源控制器

⑦后面板布置 VGA 视频输出接口,用于显示自动站运行信息,推荐接入 KVM。

⑧后面板布置 2 个以太网接口(RJ-45),用于连接数据通信与传输模块。

⑨为了保护数据采集模块,不被雷电干扰,串口信号、以太网信号灯等接入数据采集模块的信号都要进行防雷处理。若需要将模拟信号转为数字信号,模拟信号也需要进行信号防雷。

⑩采用机架式 KVM 显示器,1 U,17 in 单口,用于就地显示。

(3)软件功能如下:

①数据采集模块能够采集高压电离室、气象传感器、感雨、NaI 钠谱仪、采样设备等相关数据。具备就地显示功能,界面布局合理、直观,能够显示设备当前状态以及设备测量数据。

②具备监测数据就地存储功能。NaI 谱仪要求保存 5 min 的谱数据,高压电离室、气象传感器、感雨等要求保存 30 s 的测量数据,就地数据存储至少 3 个月。

③数据采集模块可以通过数据通信与传输模块与省级数据中心建立连接。具备数据实时传输功能,将监测数据实时传输到省级数据中心。具备数据续传功能,线路不可用状态下存储的数据,在线路恢复后,自动续传至省级数据中心,但不能影响数据实时传输。

④对于可控制的采样设备,提供控制功能,用于远程控制采样设备运行和停止。调用“数据通信与传输模块电源控制器”控制命令,控制数据通信与传输模块重启。

⑤具备与省级数据中心时钟同步功能。

设备列表见表 4-8、表 4-9。

表 4-8　数据采集模块

序号	设备名称	性能	用途
1	工控机	CPU：Intel J1900 赛扬四核 内存:2 GB 硬盘:128 G 固态硬盘	数据采集
2	KVM	17 in 单口机架式 LCD kvm 切换器 分辨率:1 280×1 024 尺寸:520 mm×480 mm×44 mm	数据显示
3	直流稳压电源	12~24 V(60 W)	设备供电
4	环境温湿度传感器	温度测量范围:-40 ℃~80 ℃ 测量精度:±0.5 ℃ 湿度范围:0~100 RH 湿度精度:±3 RH 输出信号:RS232,液晶显示	室内温湿度测量

表 4-9　信号防雷设备

序号	设备型号	性能	用途
1	电源防雷器	额定电压:30 V 直流电压;标称放电电流:5 kA; 响应时间:25 ns	直流电源防雷
2	模拟信号防雷器	工作电压:24 V;直流额定电流:100 mA 冲击复位时间:30 ms,26 V 直流电压,260 mA,X-C (PE),适用两线制设备	模拟信号防雷
3	模拟信号防雷器,科佳 KTL-4/24	工作电压:24 V 直流电压 额定电流:100 mA 冲击复位时间:30 ms,26 V 直流电压,260 mA,X-C (PE) 适用四线制设备	模拟信号防雷
4	温度信号防雷器	试用模拟电压:≤24 V 标称放电电流:5 kA(8/20 μs) 反应速度:10^{-12} s	模拟信号防雷
5	组合信号防雷器	限制电压：≤30 V 反应速度:10~12 s 标称放电电流:2.5 kA(8/20 μs) 输入、输出插口:DB-9,RJ-45	数字信号防雷

4.4.2 数据通信与传输模块

(1)具体功能:用于辐射自动监测站监测数据的通信传输

数据通信与汇总以省为单位,每个省将本系统内及下一级监测点的数据实时汇总,然后将各自的系统实时监测数据汇总至国家数据中心。每个自动监测子站现场数据中心的数据传输方式采用有线和无线方式,采用有线为主、无线为辅的互备份数据传输设计。日常传输以有线为主,采用 ADSL 或宽带 VPN 接入方式;在发生应急情况时(如有线中断又有传输需要),自动监测系统可直接通过无线网络传输数据至全国辐射连续自动站监测数据汇总中心或省数据汇总中心,无线网可采用 CDMA、GPRS、3G/4G 等网络,支持透明数据传输与协议转换,支持 VPN 安全功能。

(2)无线通信系统配置要求

①类型:工业级无线通信终端;实现监测子站与各省级数据中心和全国数据中心进行无线网络传输,无线方式采用 CDMA、GPRS 或卫星等其他接入方式,具体接入方式首先应采用系统集成商整体网络设计要求的 CDMA 网络方式。对于一些没有 CDMA 无线网络资源可使用的监测子站,应在各现场自动监测子站、省级数据汇总中心和全国数据汇总中心采用 GPRS 或卫星等通信方式实现数据正常传输。

②技术性能指标:DTU 无线终端应可在 3G/4G 或 GPRS 无线传输链路条件下,满足同时向多个数据接收点发送数据,实现一点对多点的数据传输要求;考虑无线链路带宽,能对数据进行拆包发送,配置一次发送数据包的大小;采用高性能工业级 3G/4G 模块或 GPRS 模块;内嵌 TCP/IP 协议栈,符合 FCC/SAR 和 CDG 1/2/3 标准,数据终端永远在线,实时时钟功能;透明数据传输与协议转换,支持虚拟数据专用网(VPDN)支持 CSD 电路数据交换方式,短消息数据备用通道;支持数据中心动态域名和 IP 地址访问,在全透明方式下可同时向 5 个中心发送数据,支持 DTU 休眠,多种唤醒模式或者定时上线模式;系统配置和维护接口,支持串口软件升级,支持在线远程升级及维护;EMC 抗干扰设计,适合电磁环境恶劣的应用需求,采用先进电源技术,供电电源适应范围宽;增强全速率和半速率;支持双音多频(DTMF),支持中、英文短消息,支持 QCELP 13 k 音频编解码,支持完善的 AT 命令;支持 CDMA1x、GPRS 数据,支持 IS 707 数据业务,支持 153 kbit/s 的包数据速率;支持 Class 2.0 Group 3 传真,CDMA 2000 扩频机制,符合 IS-95A、IS-95B CDMA 空中接口标准;32 位处理器,2 Mbit Static Ram & 4Mbit Flash。

③外部接口:天线接口 50 Ω/SMA(阴头);SIM 卡 3 V/5 V 自动检测;数据接口 DB9(标准 RS232);串行数据速率 110~115,200 bit/s 要求数据通信覆盖范围广,有效的数据传输速度不小于 25 kbit/s;支持流量计费和包月计费方式。

④电源电压:4.5~28 V 直流电压功耗,最大工作电流为 450 mA@ +5 V 直流电压;空闲时为 25 mA@ +5 V 直流电压。

⑤工作环境:温度为-40~50 ℃,相对湿度为 95%。

⑥功能:透明数据传输与协议转换;支持虚拟数据专用网;支持点对点、点对多点、中心对多点对等数据传输;支持 RS-232/422/485 接口;支持音频接口,方便维护操作;系统配置

和维护接口；支持图形界面远程配置与维护（由数据中心集中管理）；自诊断与警告输出；抗干扰设计，适合电磁环境恶劣的应用需求；防潮设计，适合室外应用。

（3）有线通信系统配置要求

有线 ADSL 或 VPN 接入加密终端；提供各自动监测站有线通信接入的配套设备，保证有线网络的接入；根据全国辐射连续自动站监测数据汇总中心 VPN 网关的部署，进行各自动监测子站与省级辐射连续自动站监测数据汇总中心和全国辐射连续自动站监测数据汇总中心的有线 VPN 网络连接调试，实现与省级和全国数据汇总中心的有线数据传输；各自动监测站的数据能正常向省级和国家级监测数据汇总中心进行传输；每个监测子站需申请开通 1 条不小于 512 k 的 ADSL 线路或 Internet 线路，并至少有 1 个运营商分配的公网 IP 地址；与各链路运营商协商有线链路开通及售后服务事宜；根据整体网络系统设计要求，保证系统网络正常运行。

①技术性能指标。

VPN 接入终端：实现与全国数据汇总中心和各省级数据汇总中心链接，IPSec 安全网关的实时通信和数据加密。

IPSEC 加解密速率：>30 Mbp。

工作模式：支持透明模式、桥模式和网关模式。

地址转换：支持双向 NAT（SNAT 和 DNAT），支持静态地址转换，支持动态地址转换。

组网方式：支持动态 IP 组网。

地址分配：支持为移动用户分配虚拟内网地址。

端口转换：支持 TCP、UDP 端口转换。

软硬结合：支持集中统一的管理监控，管理中心既可以以独立硬件的形式存在，也可以以软件形式安装在任何一台 VPN 设备上。

数据备份：管理中心支持关键数据的备份与恢复。

负载均衡：支持 VPN 设备隧道模式的双机热备份和净荷模式的负载均衡。

负载均衡模式：支持双进双出的负载均衡模式。

网络直连：支持 VPN 远程客户端之间直接互联互通（点到点直连）。

本地认证：支持本地认证服务器。

第三方认证：支持 Radius、LDAP、AD 等第三方认证服务器。

认证方式：支持预认证与实时认证，支持基于 WEB 认证方式。

加密模式：既支持标准 IPSEC 隧道，也支持净荷加密模式。

密钥管理：支持三层对称密钥管理模式和预共享密钥。

密钥产生：支持硬件物理噪声源的随机数产生方式。

密钥算法：支持采用 SCB2/SM1 算法的硬件加密。

用优化的流压缩技术，提供最优的性能组合；多线路复用技术，提高 VPN 接入速度；支持动态 IP 寻址，保证 VPN 寻址可靠；VPN 内的 Qos 功能，保证 VPN 内部的重要数据优先传送。

②主要设备信息见表 4-10。

表 4-10　主要设备信息

序号	设备名称	性能指标	用途
1	VPN	-25~70 ℃;功耗 25 W	有线数据传输
2	4 G 无线路由器	工业级;-30~75 ℃;4 G 网络,可自适应 3 G 或者 2 G 网络;	无线网络通信
3	温控系统	工业级;-30~75 ℃;	监测和控制机箱内部温度
4	散热单元	工业级;精度达 0.1 级,五位显示	监测和控制机箱内部温度
5	开关电源	-25~70 ℃;CE、ROHS 等认证	给设备供电
6	光猫,TPLINK	10/100/1 000 自适应光猫	光纤网络转换
7	Modem	高规格防雷 ADSL	电话网络转换
8	通信机箱电源控制器	工业级;-30~75 ℃	在通信异常时,对 VPN 重启
10	信号防雷器	工业级;-30~75 ℃	满足以太网、串口、电话线等信号的防雷要求

a. 高度、内径等几何尺寸为标准机柜宽度。

b. 接口要求:标准接口,接口对应设备,接口参数,接口在后面板位置,模块接口与设备连接方式,各插头进行区分。通信机箱对外接口采用标准的 RJ45 网口、DB9 针串口,标准 3 芯电源接口、光纤接口、ADSL 接口和标准 IO 节点端子;其中网口、光纤接口和 ADSL 接口根据现场情况,选择性配置通信机箱,满足上述三种中的任一种上网形式即可。配置原则:网口优先配置,即在现场已经具备通过标准网线可以上网的条件下,不选择光纤和 ADSL 的上网形式;在现场只有光纤上网条件时,需要在通信机箱配置光猫,实现光纤直接与通信机箱的对接;在偏远地区,现场不具备直接上网和光纤上网的条件时,优先考虑通过电话线形式的 ADSL 上网。

c. 标准接口类型:数据通信与采集机箱对外接口采用标准化接口方式,以保证模块使用过程中的通用性、可更换性,具体见表 4-11。

d. 数据通信与其他机箱采用标准化接口连接,对应连接方式见表 4-11、表 4-12:

表 4-11　接口类型信息

接口类型	接插件型号	数量	信号方式
串口	DB9	1	RS485
网口	RJ45	2	以太网
电源接口	AC 三芯电源插座	1	AC220 V
光纤输入接口	SC/PC EPON 接口	1	光纤
ADSL 接口	RJ11	1	电话线
IO 接口(3 pin)	菲尼克斯端子(5.08 mm 间距)	1	IO

表 4-12　标准接口对应设备及连接方式接口类型信息

接口类型	对应设备	连接方式
串口	内部连接温度采集器,外部连接数据采集机箱 功能:将机箱温度上传给数据采集机箱	RS485
网口	网口定义分别为:网络输入和网络输出 网络输入接口:内部连接机箱 VPN 输入网口,外部连接具备上网条件的 RJ45 网线 网络输出接口:机箱内部连接 VPN 输出网口,外部连接数据采集机箱。 功能:把数据采集机箱采集数据经过 VPN 加密后,发送至省中心和国家中心	网线
电源接口	220 V 输入,供机箱内部所有设备供电,外部连接 UPS 机箱	标准三芯电源线
光纤输入接口	内部连接光猫(可选),外部连接光纤接入设备 功能:光纤信号经过光猫转换后,连接至 VPN 输入	光纤
ADSL 接口	内部连接 Modem(可选),外部连接电话线 功能:电话线经过 Modem 转换为网络信号,连接至 VPN 输入	电话线
IO 接口	内部连接继电器输入,外部连接数据采集机箱 IO 输出 功能:网络异常时,实现 VPN 重启	

e. 功率控制:模块在硬件、软件等方面考虑降低功耗,延长系统的应急供电时间。模块内置散热单元、加热单元,自动控制模块内部的工作温度,确保模块在恶劣条件下的正常工作。各设备功率最大限额,总的功率见表 4-13。

表 4-13　各设备功率

设备名称	额定功率/W
VPN	25
4G 路由器	3
光猫	3
ADSL Modem	3
散热单元	22(非实时工作)
加热(预留)	50(预留)
机箱总功率(综合工况)	40(VPN+4G+光猫+散热)

f. 固定方法:各相关设备的固定模式均为标准 19 in 机架式安装,通过前面板的挂耳固定在机架上。

g. 温度控制。针对数据通信与传输机箱内部非工业级设备较多,需要增加温度控制功能(包括温控器、散热单元和加热单元),使机箱温度控制在设备能正常工作的范围内,最大限度保证设备的正常运行,保证数据传输稳定性、完整性、可靠性。供电模式为 220 V 供电。温度控制器本身功耗不大于 1 W。高温控制:实时采集机箱温度,当温度>30 ℃时,启动散热单元,待温度<25 ℃时,关闭散热单元。低温控制:当需要局部加热时,温度<-5 ℃时,启动加热单元,待温度>0 ℃时,关闭加热单元。高温控制与低温控制温控阈值可以依据不同的地域设置和更改。控制器安装位置在前面板,以便与观察控制器温度。

h. 信号防雷:根据数据采集和通信方案配置信号防雷系统、设备防浪涌保护器和电源避雷器,确保系统达到防雷能力要求。电源防雷:针对通信机箱内部 VPN、调制解调器等设备抗雷击能力较弱,对数据通信与传输机箱增加单独的电源防雷器,最大限度地保护通讯终端设备。网口防雷:网口经过网络防雷器隔离,防雷器需依据 IEC 通信电涌保护器的标准而设计,接口为标准 RJ45,通流容量可达 10 KA,反应速度纳秒级,以保护网络系统设备。串口防雷:串口经过串口信号防雷器隔离,接口为标准 DB9 串口,通流容量可达 10 KA,反应速度纳秒级,以有效保护机箱内部仪表。电话线防雷:RJ11 经过电话线防雷器隔离,接口为标准 RJ11 串口,通流容量可达 10 KA,反应速度纳秒级,以有效保护机箱内部调制解调器设备。

i. 外部标识:模块前面板标识内容包括模块的功能或者名称,要求清晰醒目。辐射环境自动站模块化接口定义示意图如图 4-3 所示。

4.4.3 数供配电系统

(1) 自动站供配电原理框图(图 4-4)

供配电系统主要包括四个部分。

①主配电箱:主要是完成主电源的防雷、电源分配。②UPS 电源:为需要后备电源的设备供电,在停电时作为设备的后备电源。③蓄电池组:为 UPS 电源提供后备电量。④UPS 配电模块:主要完成 UPS 输出的电源防雷、电源分配。

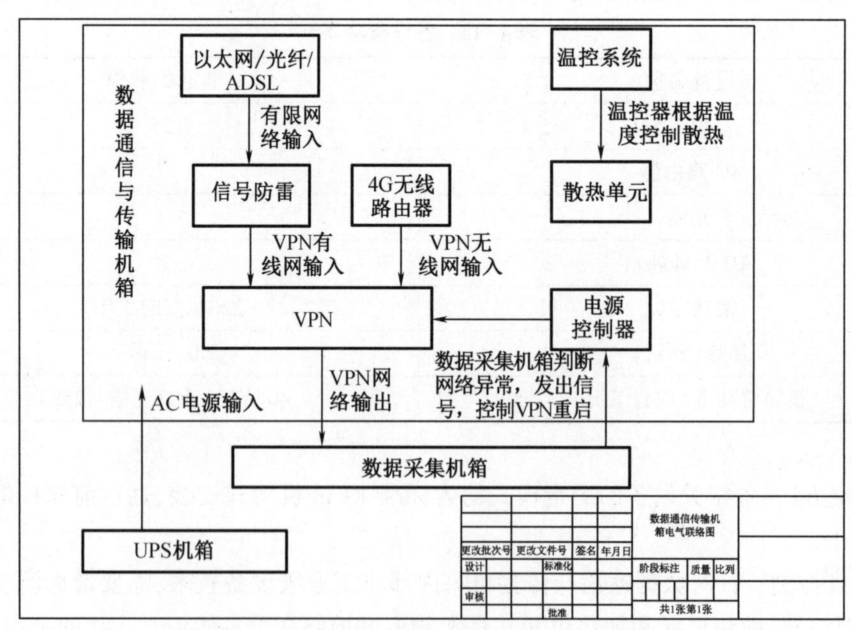

图 4-3 辐射环境自动站模块化接口定义示意图

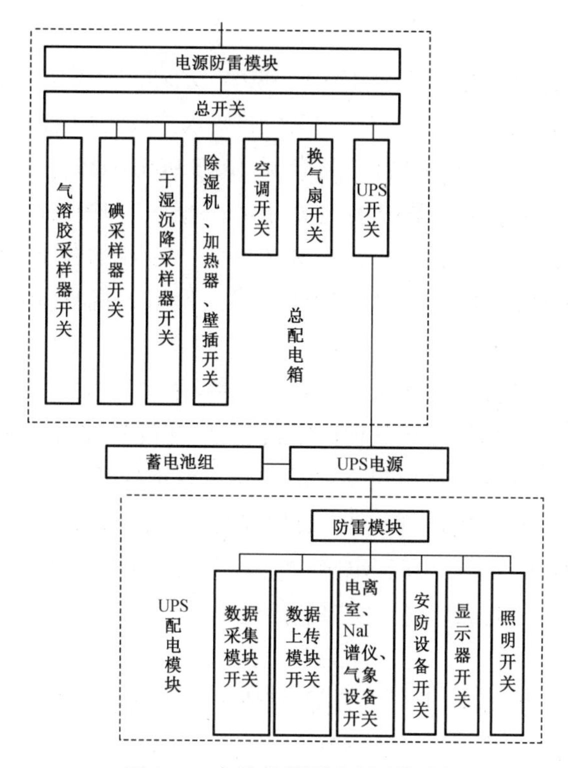

图 4-4　自动站供配电原理框图

(2)总配电箱

总配电箱原理图如图 4-5 所示。

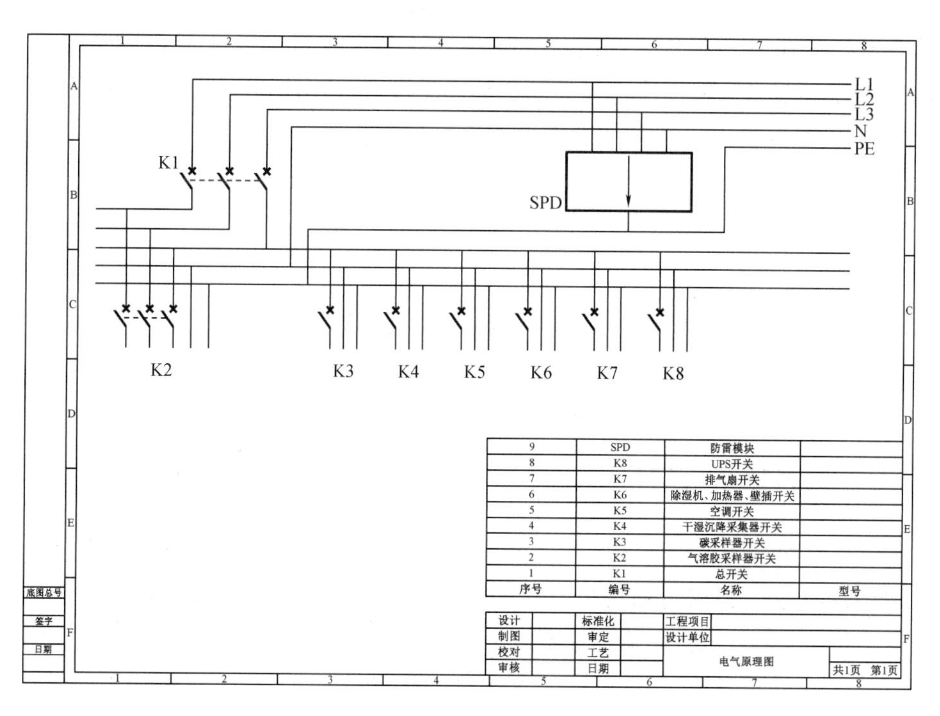

9	SPD	防雷模块	
8	K8	UPS开关	
7	K7	排气扇开关	
6	K6	除湿机、加热器、壁插开关	
5	K5	空调开关	
4	K4	干湿沉降采集器开关	
3	K3	碳采样器开关	
2	K2	气溶胶采样器开关	
1	K1	总开关	
序号	编号	名称	型号

图 4-5　总配电箱原理图

技术要求如下。

电气参数:主电路额定工作电压为220 V、380 V交流电压,额定电流为40~125 A,电气间隙、爬电距离和隔离距离见JB/T 9661—1999的要求。设备内的电气连接与绝缘导线见JB/T 9661—1999的要求。元件的选择与安装见JB/T 9661—1999的要求。设备的防护等级见JB/T 9661—1999的要求。保护接地见JB/T 9661—1999的要求。温升温升按GB 7251.1—2006中7.3的规定。介电强度见JB/T 9661—1999的要求。短路保护与短路耐受强度见JB/T 9661—1999机械、电气操作性能要求。设备的机械、电气装配应符合设计要求,动作正常。

总配电箱的结构、外部接口形式及安装:总配电箱采用壁挂式机箱,其接口均采用端子式压接,同时建议将配电箱尽量远离其他电子设备,可使设备和人身安全得到更好保障;动力供电尽量远离弱电设备(或与弱电设备隔离),更有效地降低了对设备的干扰。

UPS电源:负责对自动站内的探测器、数据采集、上传等模块进行供电,直接安装于设备机柜,由总配电箱供电,并输出到配电模块。采用标准机架式UPS,根据不同负载要求,可以采用不同功率的UPS电源。接口主要包括电源输入接口、电源输出接口、蓄电池接口、串行通信接口。

配电模块:主要对UPS输出进行再分配,完成设备的供电,同时具备电源防雷功能。技术要求包括:主电路额定工作电压为220 V交流电压;额定电流为5~10 A;电气间隙、爬电距离和隔离距离见JB/T 9661—1999的要求,设备内的电气连接与绝缘导线见JB/T 9661—1999的要求;元件的选择与安装见JB/T 9661—1999的要求;设备的防护等级见JB/T 9661—1999的要求;保护接地见JB/T 9661—1999的要求;温升按GB 7251.1—2006中7.3的规定;介电强度见JB/T 9661—1999的要求;短路保护与短路耐受强度见JB/T 9661—1999的要求。机械、电气操作性能设备的机械、电气装配应符合设计要求,动作正常。采用19 in4U标准插箱设计。输出输入接口采用标准的输入、输出插座,即品字形三芯插座。

电池模块(柜):电压应根据UPS电源的电气要求选择。

4.5 网络链接

4.5.1 网络链路结构

辐射环境自动监测系统主要由以下三部分组成:全国数据汇总中心、省级数据汇总中心、各自动监测子站。数据传输网络分有线和无线两套,采用有线无线双链路冗余备份的通信方案。大气辐射环境自动监测系统网络结构图如图4-6所示。

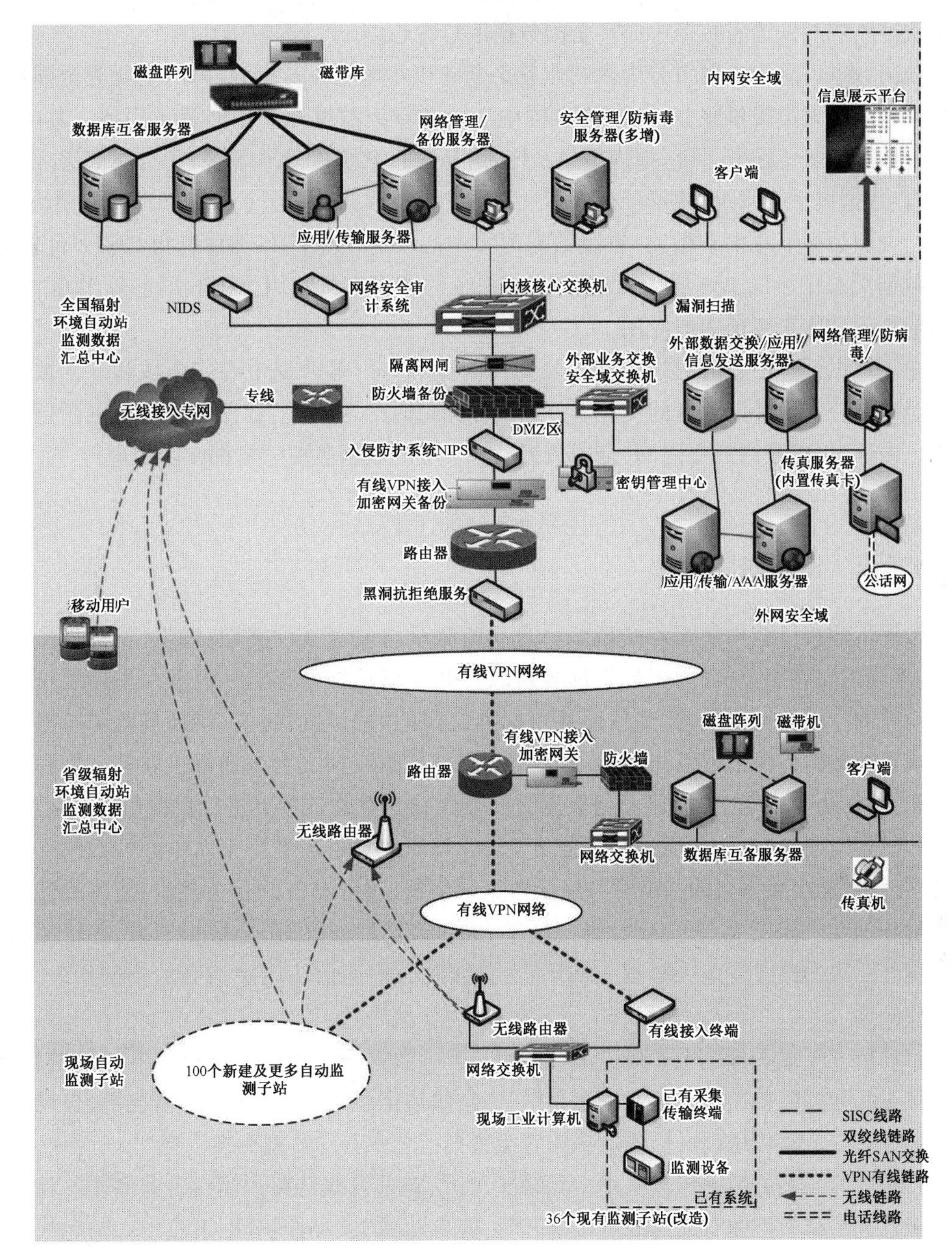

图 4-6 大气辐射环境自动监测系统网络结构图

日常传输以有线 VPN 为主,采用有线为主、无线为辅的传输方式,在发生应急情况时,自动监测子站可直接通过无线网络传输数据至省级和全国数据中心,实现数据的自动化处理,从而提高监测速度及对事故的快速反应,以最快速度获得实时数据,达到人力、物力合理利用的最优化。

自动监测子站配置现场工业计算机、数据密码卡、网络交换机、无线路由器和有线接入终端等设备。现场工业计算机用于安装现场汇总软件,采集现有监测站高压电离室的数据,然后按照通信传输接口标准,通过有线链路发给本省数据中心,有线链路出现故障时通过无线链路同时发给省数据中心和全国数据汇总中心。

全国数据汇总中心网络分为内网业务安全域和外网业务安全域,内网主要为全国数据汇总中心业务人员提供服务;外网为全国中心及各省级数据汇总中心提供服务。其中,外网部署数据接收传输子系统、报表报送系统、信息发布系统以及 GIS 平台;内网部署应用管理平台、数据展示子系统、数据分析处理预警系统以及数据发布子系统的管理功能模块。

与全国数据汇总中心相比,省级数据汇总中心没有信息发布子系统和 GIS 平台软件。省级数据汇总中心的 GIS 应用,将通过 WebGIS 的方式直接调用全国数据汇总中心的 GIS 平台的相关功能来实现本地应用。

全国数据汇总中心的网络由物理隔离网闸分隔为内部数据中心安全域和外部数据交换安全域,实现内、外网数据的交互。外网只存储瞬时传输数据,数据通过隔离网闸原样复制转入内网,历史数据放在内网,全国数据汇总中心的数据监控分析都在内网进行。

4.5.2 传输链路切换

数据传输接口结构如图 4-7 所示。自动监测子站包含三种类型:增强型、标准型和基本型,现场配置有工控机,用于部署前置机软件和现场数据的存储。数据采集器要负责采集自动监测子站的监测数据,并按照接口标准规定的数据通信协议,将现场监测数据通过有线或无线链路传输给省级、全国数据汇总中心的数据交换平台。前置机软件部署在现场工控机上,作为 TCP 客户端,主动与数据交换平台进行 TCP 连接并进行数据传输,接收数据采集器的实时监测数据,并通过有线链路发送给部署在本省级数据汇总中心的数据交换平台;能接收数据交换平台的指令并发送给数据采集器,进行设备的相关控制;能将最近日期的数据存储在工控机上;能接收数据交换平台的指定时间段的历史数据请求,并将数据按接口标准要求的格式发送给数据交换平台;能接收数据通信协议中指令的控制指令,并进行相应操作。

自动监测子站只要与省级数据汇总中心、全国数据汇总中心存在可用的通信链路,就可保证子站数据能传送给省级数据汇总中心、全国数据汇总中心;在正常情况下,自动监测子站通过有线链路传送现场监测数据给省级数据汇总中心的数据交换平台。

自动监测子站的数据传输采用“双链路”方式,首选有线链路。当自动监测子站检测到与省级数据汇总中心的有线网络链接断开时,能自动建立与全国数据汇总中心的无线网络链接并发送监测数据。同时建立与省级数据汇总中心的无线网络链接并发送监测数据;当监测站与省级数据汇总中心的有线网络链接恢复时,能自动断开与国家中心的网络链接停止向全国数据汇总中心发送数据,同时断开与省级数据汇总中心的无线网络链接。在省级数据汇总中心与全国数据汇总中心网络中断情况下,自动监测子站能接收省级数据汇总中心的控制指令,直接传送数据给全国数据汇总中心。为保证系统的顺利调试和发生故障时的准确诊断,对通信传输过程中的原始数据要有详细的日志记录,并可设置启/停开关。

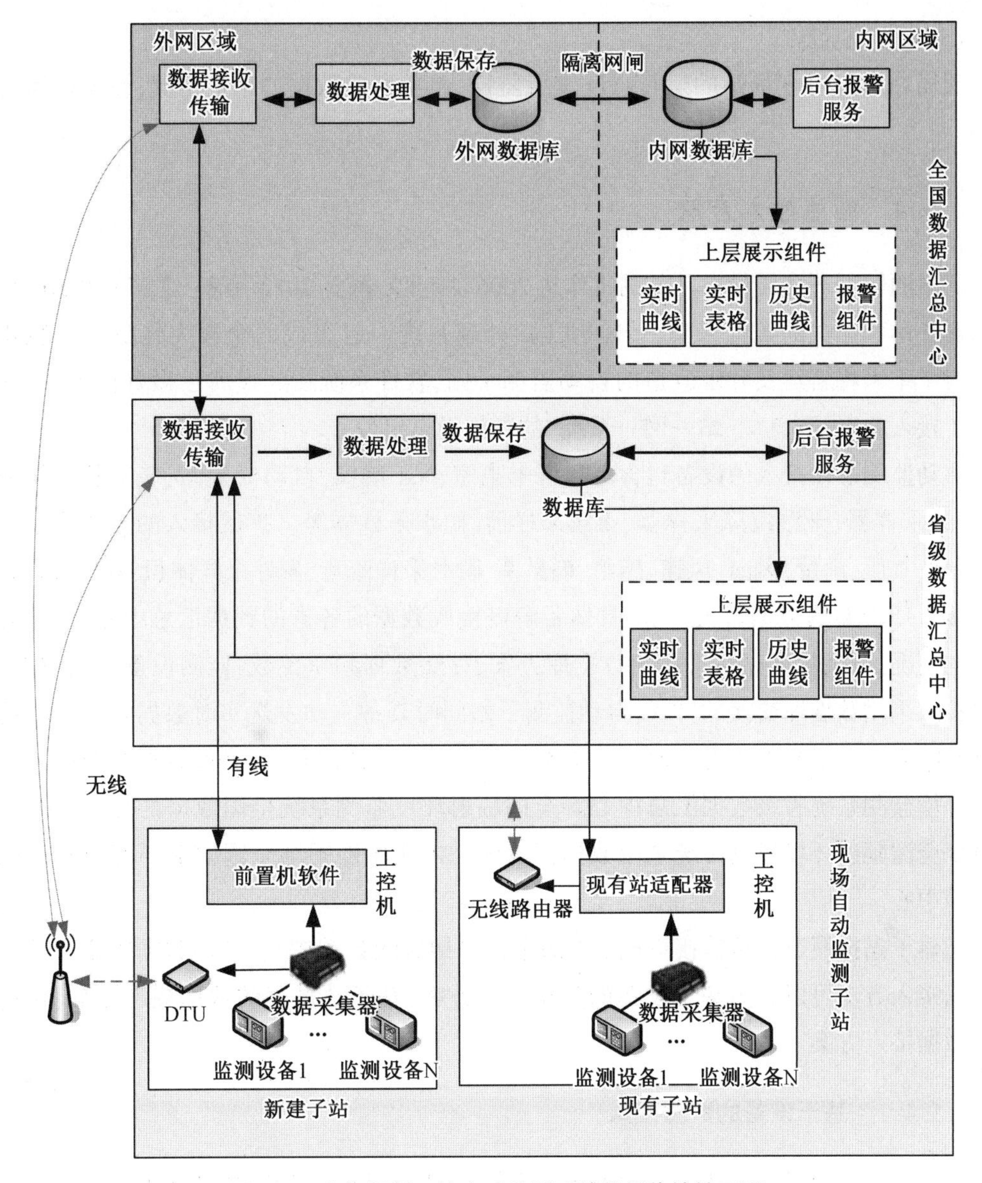

图 4-7　大气辐射环境自动监测系统数据传输接口图

4.5.3　系统网络监控

为保障系统网络通信、自动监测子站运行处于良好运转状态,按区域将省中心进行划分,对系统整体网络结构进行监控,对突发断网、断电、终端瘫痪等情形进行应急响应。

(1)网络通信状态监控

网络通信状态监控负责监控各省中心与自动监测子站、各省中心与全国数据中心的网络通信状态。

(2)数据交换平台监控

数据交换平台监控可对数据中心的本地数据交换平台运行状况进行监控。

(3)现场站监控

现场站监控对现场站的运行状况进行监控,包括当前数据的采集情况,设备的运行情况等。

4.5.4 站点接入方法

我国的辐射环境质量自动监测工作从2006年起步,截至2022年末,建成了由500个自动监测子站和相关的数据采集、传输、汇总、处理系统一起组成的全国大气辐射环境监测网。对于未来将新建及升级改造的自动监测子站,软件系统在建设时已做好前瞻性准备,制定了接入方案,避免"一站一网一系统"的数据隔离出现。

自动监测子站接入的设备包含高气压电离室、NaI谱仪、自动气象站、气溶胶空气采样器、气碘采样器、干湿沉降采样器、土壤采样器、雨水采样器等。扩展接入的监测项包含温度、湿度、气压、雨量、风向、风速、感雨、剂量率、瞬时采样流量、累计采样体积、频次等。

接入环境监测数据时,首先应具体了解需接入数据的各省的数据汇总中心、自动监测子站的情况,明确数据存储采用的数据库方案,存储数据频率参数,监测设备及监测系统。数据接入采用数据库交换的方式,自动监测子站同时具备主动发送实时数据临时表和统计数据临时表至前置机的能力。总体数据流向:在运行连续监测系统≫前置机≫网闸≫全国辐射环境监测系统省级数据汇总中心≫全国辐射环境监测系统全国数据汇总中心外网≫网闸≫全国辐射环境监测系统全国数据汇总中心内网≫网闸≫全国辐射环境监测系统数据备份中心。

新建子站按照通信传输接口标准把数据传送给省级数据中心、全国数据中心。具体站点数据接入方法可以分为基于设备的数据接入方案、基于数据库的数据接入方案、新建站点的数据接入方案。

4.5.4.1 基于设备的数据接入

在子站的工控机上安装一个设备接口适配器,工控机通过RS232/RS485等通信方式连接监测设备,设备接口适配器实时采集监测数据,并传输给省级数据汇总中心的数据交换平台,省级数据汇总中心数据交换平台再将数据传送给全国数据汇总中心,实现数据的自动采集传输。

基于设备的站点数据接入示意图如图4-8所示。

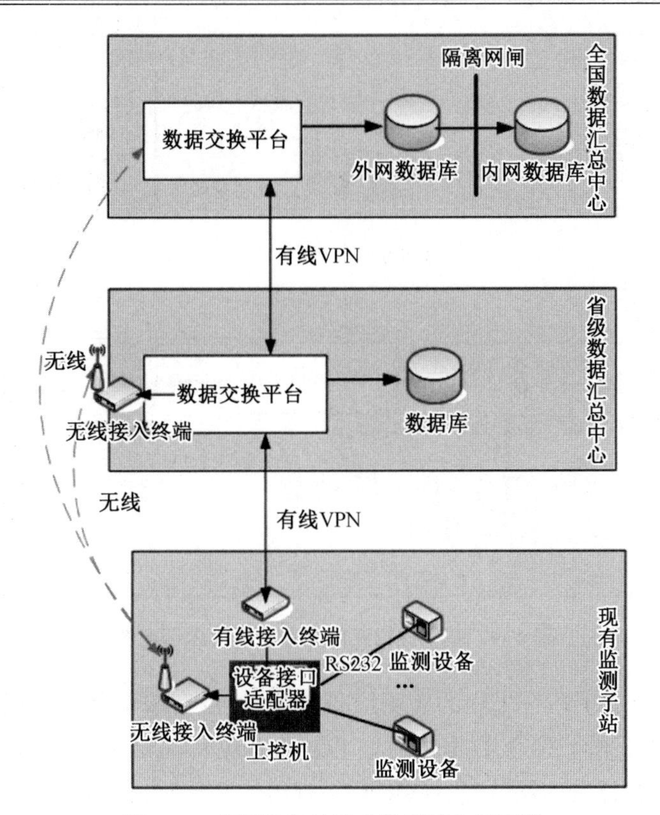

图 4-8　基于设备的站点数据接入示意图

4.5.4.2　基于数据库的数据接入

针对监测数据已经自动传输到省级数据汇总中心数据库中的监测站,开发一个数据库接口适配器,部署在省数据中心的服务器上。数据库接口适配器通过现有站数据库的一个只读账号,定期从现有站数据库中读取数据,并传输给省数据中心的数据交换平台,省中心数据交换平台再将数据传送给全国数据中心,实现数据的自动采集传输。基于数据库的站点数据接入示意图如图 4-9 所示。

4.5.4.3　新建站点的接入

现有子站的数据采集内容根据每个站点实际情况有所不同,主要采集辐射剂量率,有些监测子站会辅助采集气象数据。现场子站采集现场监测设备的数据,并将数据传输给省级数据汇总中心、全国数据汇总中心的数据交换平台。双方的数据交换要遵循预先制订的通信传输接口标准。

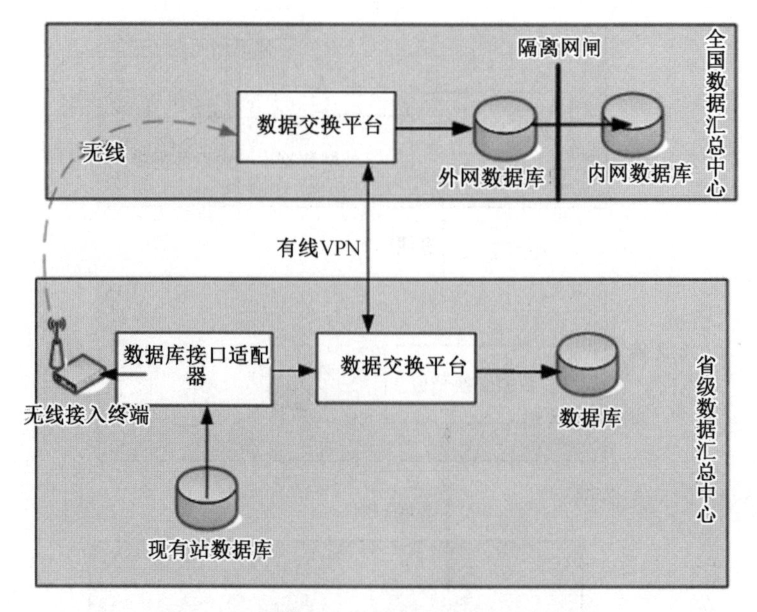

图 4-9　基于数据库的站点数据接入示意图

正常情况下,新建子站将采集的监测设备数据,通过有线链路将数据传送给省级数据汇总中心以及云服务平台,省级数据汇总中心再将数据传送给全国数据汇总中心的外网,隔离网闸再将数据摆渡到内网。当有线中断又有传输需要时,新建子站将监测数据通过无线链路,将数据同时传输给云服务平台、省级数据汇总中心和全国数据汇总中心。

新建子站要求能接收省级数据汇总中心通过有线链路发送过来的控制指令,对现场监测设备进行相应控制;实时监测采集的数据,发现异常时及时将报警信息发送给数据汇总中心;大气辐射环境自动监测系统自动定期进行后台数据统计。若采集的数据出现异常需要标记,或网络故障导致数据回传有较大的延迟,需要对报表数据进行重新统计,包括数据汇总中心、监测站、监测项、统计表、统计时间范围等。

4.6　软　　件

大气辐射环境自动监测软件系统分为现场集成软件和数据汇总中心平台软件。现场集成软件主要用于收集站房内外的探测器监测数据、采样器运行参数、环境条件等数据,并将有关数据按照协议上传至各级数据汇总中心。数据汇总中心平台软件主要用于展示接收点位的数据、统计分析数据的全面性、监控管理所有接收的站点。

4.6.1　现成集成软件

现场集成软件也称为“下位机软件”或者“工控机软件”,主要用于数据的采集、统计分析、存储、上传等功能。这些软件通过与辐射监测设备和传感器进行交互，收集、处理和分析辐射数据，将结果显示给操作人员或上传至相关部门规定的数据汇总平台。

4.6.1.1　功能描述

(1)数据采集

负责从各种探测器、采样器、传感器等数据设备中获取数据。数据设备按照固定频率(1 s、30 s、1 min、5 min 等)和通信协议(一般都支持 Modbus、Modbus TCP、Profibus、Ethernet 等通信协议)，一般是数据设备直接连接工控机传输，部分站点在传输过程中添加了专门的数据采集装置，通过数据采集装置收集数据，再传给工控机。

(2)数据处理和分析

将从不同传感器或设备采集的数据转换成统一的数据格式，进行数据清洗，检查和处理缺失值、异常值或错误值，提高数据质量。将来自不同数据源的数据进行整合，形成一个完整的数据集。数据整合可以实现跨设备或跨系统的数据分析和综合。根据数据处理和分析的结果，生成相应的报告或数据摘要，为用户提供清晰的数据分析和结论，并通过图表、图形、报表等形式将数据可视化，使数据更加直观和易于理解。数据可视化可以帮助用户快速了解数据的状态和趋势。例如展示风玫瑰图、NaI 谱仪的图谱等。

对于实时数据，工控机需要实时处理数据并进行及时的响应或控制操作。例如，通过工控机按照定时或定量采样启动超大流量气溶胶采样器。

(3)数据存储

软件将采集到的数据存储在数据库或其他数据存储介质中，以便进行后续的查询、分析和报告。数据库存储适用于大规模数据量和需要进行复杂查询和分析的场景，同时还具备数据的结构化管理和数据完整性保障。工控机可以使用数据库进行数据存储，例如 MySQL、SQLite、Microsoft SQL Server 等。本地存储适用于小规模数据量和不需要长期保留的场景。目前绝大多数站点使用的是数据库存储。

(4)可视化界面

可视化界面会实时地显示传感器和设备采集到的数据，如探测器监测数据、采样器运行状态、温湿度、大气压等参数。通过图表和趋势图展示历史数据的变化趋势，帮助用户了解过去的运行情况和趋势。界面会及时显示设备状态异常或超过设定阈值的报警信息，让用户可以迅速做出反应。工控机可视化界面允许用户通过按钮、开关等控制选项对设备进行远程控制。可视化界面还必须提供设备配置和参数调整的功能，让用户可以灵活地设置设备的工作模式和参数。界面可能具备用户权限管理功能，根据用户角色设置不同的权限，以确保系统的安全性和数据的保密性。对于国际化的应用，界面可能支持多种语言显示，以适应不同用户的需求。工控机可视化界面的设计应该注重用户友好性、操作便捷性和数据展示清晰性。良好的界面设计可以提高工控系统的操作效率和安全性，减少误操作和错误，为系统稳定运行提供可靠的用户交互平台。

(5)远程监控

用户可以远程访问工控机的操作系统，如使用远程桌面协议(RDP)、SSH 等，来远程控制和操作工控机。通过远程监控，用户可以实时获取工控机上采集的各种传感器数据，如探测器监测数据、采样器运行状态、温湿度、大气压等参数,以便进行实时监测和分析。工控机远程监控系统可以实时检测设备状态,当设备发生异常或超过设定阈值时,及时发送报警信息给用户,让用户可以迅速做出反应。用户可以通过远程监控系统对工控机上的设备进行远程控制和配置,如采样器的启停、采样量等参数调节等。远程监控系统通常还具备数据存储和查询功能,用户可以随时查看历史数据和数据分析报告。由于涉及远程访问和控制,远程监控系统需要具备安全性保障措施,如数据加密、用户身份认证等,以确保远程通信的安全性和可靠性。工控机远程监控在采样设备和远程运维等领域发挥着重要的作用。它提高了运维的效率,降低了现场维护的成本,并且在一些特殊环境或远程地区也能够实现实时监控和数据管理。但在实施远程监控时,需要注意数据安全和网络稳定性等问题,确保远程通信的可靠性和安全性。

4.6.1.2 未来发展

辐射环境自动监测站现场集成软件的发展会更加轻量化、更加智能化和智慧化,终将实现万物互联的状态。

(1)更加智能化和智慧化

未来的数据采集统计分析软件将更加智能化,能够自动识别和处理数据模式,减少人工干预。人工智能和机器学习技术将被应用于数据分析和模式识别,从而实现更高效、准确的数据分析和统计。

(2)大数据处理

随着自动站在互联网、物联网和数字化技术等方面的不断发展,探测器和设备运行状态传感器的增加,每天都会产生着大量的数据,包括结构化数据(如数据库中的数据)、半结构化数据(如日志文件、XML 文件)和非结构化数据(如文本、图像、音频、视频等)。未来的软件将应对大数据的挑战,具备高性能的数据处理能力,从海量数据中提取有价值的信息。

(3)实时性和即时响应

虽然实时性和即时响应都与时间相关,但它们的应用场景和要求不同。实时性主要关注任务的执行是否满足时间约束,而即时响应则侧重于交互式应用中用户体验的流畅性。实时性通常涉及更复杂的算法和优化策略,而即时响应则更多地关注系统性能、响应时间和用户界面设计等方面。两者都是在计算机系统设计和数据处理中需要考虑的重要因素。未来的软件将更注重实时性和即时响应能力。在物联网和边缘计算的环境下,数据采集统计分析软件将能够实时处理数据并及时生成报告和警报,以支持实时决策。

(4)云端服务

云计算的优势在于它提供了灵活、高效、经济、可靠的计算资源和服务,为用户带来了更好的体验和业务价值。未来的辐射环境自动监测数据将更多地与云端服务集成。通过云计算,软件可以实现更高的计算能力和存储容量,同时提供更便捷的数据共享和协作功能。

(5)AR 技术在故障处理上的应用

AR(增强现实)在故障解决上的应用,不仅提高了维修效率和准确性,还降低了维修成本和风险。随着 AR 技术的不断发展和普及,有理由相信它将在自动站领域发挥越来越重要的作用。AR技术可以将实时视频流与虚拟信息叠加,使得专家可以远程指导维修人员解决故障。这样可以不用专家亲临现场,节省时间和成本。同时,AR技术也可以用于培训维修人员,让他们通过虚拟模拟进行实践和学习。通过AR技术,维修人员可以在维修过程中查看虚拟维修手册,获得更详细的故障排除指导和维修步骤。这样可以提高维修人员的效率和准确性。AR技术可以通过图像识别和追踪,标记出设备中的故障点和问题区域,帮助维修人员更快地找到问题所在。AR技术可以通过虚拟模拟,让维修人员在现实世界之外进行设备维修和操作的实践。这有助于在实际操作前预先测试,降低操作风险。AR技术可以将设备的传感器数据和实时状态可视化,帮助维修人员更好地理解设备的运行状况,及时发现问题。AR技术可以将实时报警信息直接投影在维修人员的视野中,及时提醒他们设备的异常情况,以便及时响应故障。

4.6.2 平台软件

4.6.2.1 功能目标

(1)满足环境辐射水平数据的积累

大气辐射环境自动监测系统需建立全国性的核与辐射源及辐射环境监测数据库,通过环境辐射数据、气象参数数据的采集、传输和通信系统实时处理、存储监测数据,实时或定时向数据汇总中心传输监测数据、设备运行状况等信息。公共及相关部门能通过系统及时、准确地获得全国辐射环境质量状况。

(2)满足数据一致性的需要

由于涉及国家数据汇总中心和各省级数据汇总中心,为确保上下级数据一致性,软件的设计架构、功能实现和部署方式需考虑各级数据汇总中心的安装环境、业务需求、网络安全等,在上下级省数据通信、控制和报警等信息的传输协议应符合《辐射环境自动监测系统数据传输协议规范》等技术规范的要求,并实现现场监测点数据补遗等功能,确保数据完整性。

(3)满足环境辐射辅助分析决策

通过对基础数据的分析,软件系统应具有总结辐射水平数据变化规律的能力,为评价辐射环境质量提供依据。利用大数据、云计算、物联网等领域的前沿技术,实现对异常数据识别、跟踪并判断环境风险,功能上达到与发达国家进行交流的水平。辐射事故时,软件系统要能跟踪事故工况的发展变化,迅速及时做出应急响应,与地方应急组织紧密结合,进行应急监测,为政府部门的应急决策提供及时准确的技术支持。

(4)满足高性能低延迟网络的需要

环境辐射监测站的布点周边存在环境多样性、网络覆盖全局性,该特点对网络链路的健壮性具有相对较高的要求。软件系统搭建的数据链路要采用先进、主流的网络技术,建设高并发、高可用的网络体系。

4.6.2.2 基础架构

为了辐射监测网络能够有效、安全地运行,大气辐射环境自动监测软件系统采用分层设计,将系统划分为信息展示层,业务逻辑层,应用支撑层,数据资源层以及数据交换层。从系统整体来看,是一般到特殊,通用到专用的过程。分层结构将面向对象的设计过程应用到内核一级,各层之间通过标准接口进行交互,采用对象化的方式提供开发包,实现更快、更安全、更稳定的系统开发和维护。

大气辐射环境自动监测站所获得的监测数据需要汇总、长期保存及统一管理,有必要设立省级和全国两级数据汇总中心,使各级单位可以查看所在省或纵观全国的辐射环境状况,在事故突发应急情况下为管理者决策判断提供帮助。全国数据汇总中心、省级数据汇总中心有独立的数据库和应用部署,存储各自动监测子站的监测数据,全国数据汇总中心、省级数据汇总中心用户均基于本地数据库进行数据的监测分析。

数据汇总中心主要由网络交换设备、数据传输加密设备、数据库系统、存储及备份系统、网络信息安全设备、信息展示平台、数据应用系统和机房配套设施等组成。数据汇总中心的主要任务为通过有线或无线通信设备收集分管区域内各子站监测数据和设备工作状态等信息,并对所收取的数据和信息进行汇总、存储、统计、分析和预警,通过图形和表格的方式对数据进行全面展示,实时反映辐射环境质量状况及变化趋势,并通过网络公开发布监测数据。

全国数据汇总中心和省级数据汇总中心使用数据库、应用服务器、应用支撑平台软件、报表工具和 GIS 地理信息系统平台软件等组件。

应用支撑平台用于提供基础和公共组件,并负责对用户、权限和系统配置等的统一管理。报表工具具有提供报表定义、数据报送等基本报表功能,并与应用支撑平台软件内嵌的工作流引擎实现人工报送系统的定制开发。

GIS 地理信息系统平台软件用于为全国汇总中心及各省中心提供 GIS 应用的开发和运行平台。省级数据汇总中心 GIS 地理信息系统平台通过 Web 调用全国数据汇总中心 GIS 服务,实现本地 GIS 应用。

数据交换层用于实现监测站点的数据采集、接收及传输,完成省数据中心与全国数据中心的数据同步。

4.6.2.3 业务分析

通过对大气辐射环境自动监测业务的细分,系统可以划分为包含实时监控、数据分析、数据查询、统计分析、系统监控、人工报送、系统维护、平台管理、参数设置、短信管理、基础构建等主要功能模块。

4.6.2.4 关键技术应用

在系统中可以使用的技术领域包括:GIS、对象化建模、中间件技术、普适计算等。针对大气辐射环境自动监测软件系统主要内容和工作思路开展相关标准规范制定、元数据建模、数据集成、决策支持等方面的研究工作。

(1)软件平台的数据标准化建模

标准规范建设是大气辐射环境自动监测系统的重要组成部分和重要研究攻关对象。数据系统需要遵循相应标准规范,具体包括元数据设计、数据编码设计、数据交换协议设计等。元数据设计为准确描述大气辐射环境监测系统的专业数据库提供支撑,系统采用UML等标准建模语言定义的元模型平台和建模标准。为了消除标准制定演进过程中可能产生的不一致,可采取适当的冲突解决策略。数据编码设计根据大气辐射环境监测系统的数据内容和差异特点,定义了较为完备、明晰的数据编码规范,实现对数据结构和特征的充分覆盖,是数据管理的基础。对于大气辐射环境数据的来源和格式不统一的情况时,数据交换协议设计采用基于XML技术的可配置协议体系,作为数据交换的原则,并在此基础上分步制定各部分数据的交换协议。

(2)元数据驱动的基础数据库开发技术

大气辐射环境领域数据建模与程序构建均由元数据驱动,以面向对象的方式方法进行,实现弹性体系下的可演进对象化建模,并建立相应的注册机制,在多用户、多平台、多数据源的复杂异构环境下实现数据集成和数据共享。数据库设计过程中以各类基础对象为中心,完成各部分、各层次的肢体数据及其关联数据的定义、修改和完善。给数据模型预设弹性空间,结合面向对象的分析、开发方式,考虑数据应用、对象操作的要求,在建模的演进过程中逐渐优化、深化数据模型结构和运行控制结构,形成一套面向对象的应用分析、模型驱动、功能开发的系统建设开发体系。

(3)异构多源基础数据整合技术

异构多源基础数据整合技术是大气辐射环境自动监测系统建设的重点,例如大气辐射环境监测对应的云服务软件平台的数据有明显的异构特性。传统面向关系型数据的对象关系中间层难以满足系统实际需要。整个异构数据集成共享机制主要包括一个中心元数据服务器和多个分布式数据服务器以及远程客户端。元数据服务器包含所有用于共享的异构数据的元数据,各个数据服务器则存储共享的异构数据。用户在远程客户端通过分布式网络数据,先访问元数据库,通过对元数据的解释选择合适的数据接口访问存储在不同数据服务器中的异构数据。采用广谱对象关系等中间层技术,面向辐射环境数据库中的海量数据资源,利用元数据驱动的建模支持,以数据集成的方式,通过数据总线、广谱对象关系持久化在中间层,对辐射环境监管系统分布在异构多源数据库中的信息进行有机整合与无缝集成,提供相应的服务和一致的接口以便共享访问,从而使零散数据转变为高度集成的辐射环境监管对象,做到数据的“通存通取”。

(4)基于XML和GML的数据交换协议

大气辐射环境自动监测系统既有支撑GIS的地理信息,又有监测网络的业务数据,可采用基于XML/GML标准的数据交换协议。GML是简单的基于文本的地理特征编码标准,严格按照被广泛采用的XML标准制定,已经被大多数的GIS系统开发商所接受。GML具有“数据完整性的自动化校验、可以很容易地与非空间集成、可以转换、可以传递行为”等重要特征,为解决空间数据共享的互操作性铺平了道路,给地理信息相互共享和与外部地理数据集之间的互联提供了技术保证。在实际操作过程中,大气辐射环境自动监测软件系统需要实现基于XML/GML标准格式的分布式的多源异构数据统一访问,产生XML/GML格式的数据流,使之通过Web服务实现在内部应用系统之间的传输,驱动成辐射环境自动监测数据模型,实现环保资源数据的具体应用。同时,针对不同层次和架构的应用,通过基础平台提供统一的、基于Web Service的XML/GML数据访问接口。

(5)GIS空间分析与可视化技术

GIS的空间分析与展示是大气辐射环境自动监测系统实现辅助决策的重要支撑手段。通过结合GIS技术、空间信息矢量和栅融合、二三维数据融合处理、多尺度空间分析、时空数据挖掘等技术,大气辐射环境自动监测系统可以融合地图数据等空间信息,从而直观立体地展现辐射环境监管数据。以空间对象为中心,系统得以利用数据中间层进行数据集成,获得空间对象所有库内关联信息,同时根据对象的空间属性获得其他各种类型对象相关信息。

4.6.2.5 平台功能

(1)底层功能

①数据采集

数据采集模块通过数据库接口适配器与数据接收传输模块进行TCP通信,从交换库中读取监测数据,把监测数据上传到数据接收传输模块。监测数据分实时数据和历史数据,适配器运行后根据配置信息实时访问交换库读取实时监测数据上传,历史数据根据数据接收传输模块的请求读取交换库上传。

数据库接口适配器通过数据库接口获取现有监测站的数据,把实时采集的数据保存到本机数据库,同时通过有线网络或无线链路上传给省级数据汇总中心或全国数据汇总中心的数据接收传输模块。具体功能有:接收省级数据汇总中心或全国数据汇总中心的历史数据请求,将历史数据发送给数据汇总中心;查询存储在本地数据库的历史数据;接收省数据汇总中心指令,进行报警设置实时监测采集的数据,发现异常时将报警信息发送给数据汇总中心;获取监测站点的监测数据种类、统计数据种类、提取频率等参数,通过图形界面配置、扩展数据采集模块,对接受的数据进行格式转换并在前置机上存储成网闸可以传输的形式。

数据采集模块还具有初步自动审核功能,可通过后期添加和修改,多种方式自由选择和组合,配置审核参数。审核处理方式管理模块提供可配置选择功能,主要包括数据可否流转到下一个流程、控制精度配置、本条数据、本条数据所在站点全部数据等。审核结果有告警、显示、查询和导出等功能。

数据采集模块产生的非监测数据信息也通过网闸发送至省级数据汇总中心,可以在该平台上告警、显示、查询和导出等操作。

数据采集模块可接受处理网闸转发过来的全国辐射环境监测系统通信协议指令,并进行相应处理。

②数据接收传输

数据接收传输软件以服务方式运行。采用TCP/IP协议与自动监测子站前置机软件通信,可同时实现对多个前置机软件以有线或无线方式进行采集指令发送、实时数据接收、历史数据接收及报警信息的接收,并实现采集数据上传到国家数据汇总中心的数据处理模块。数据接收传输模块的功能有:接收自动监测子站前置机软件按照技术接口标准,通过有线链路或无线链路发送过来的实时、历史数据和报警信息;将接收的实时、历史数据和报警信息经过简单判断后,正确地发送给本地数据处理模块,错误数据直接丢弃;接收本地数据处理模块的控制指令,同时将该控制指令转发到各自动监测子站;有线、无线使用不同的端口进行侦听;将数据处理运行到关键点的相关信息,写入日志文件中;数据处理运行时出现异常,先写日志后再进行异常处理;读取相关配置文件进行初始化。

③数据处理

数据处理程序以服务方式运行。将数据接收传输模块发来的数据包,保存到指定的数据库中,同时读取业务系统的控制指令并发送给本地数据接收传输模块。数据处理模块的主要功能有:接收来自本地数据接收传输模块的数据;将数据保存到关系数据库中;读取业务系统的控制指令;读取历史数据请求命令;从数据库中获取历史数据,并打包发送给数据接收传输模块;将业务系统的控制指令发送给本地数据接收传输模块;将数据处理运行到关键点的相关信息,写入日志文件中;数据处理运行时出现异常,先写日志后再进行异常处理;读取相关配置文件进行初始化。

(2)上层功能

①基础构建

基础构建模块功能为数据中心管理、监测站管理、监测设备管理、监测项管理、常用监测项管理、设备型号管理、网络节点管理等,使站点设备采集的数据准确、有序地传送至数据汇总中心。

数据中心管理:对所有的数据中心,包括全国中心及各省中心的中心编号、中心名称、所在区域、传输服务器、服务器端口、数据库服务器、数据库类型、数据库名称、端口进行管理。包括新增、编辑、删除、查询等功能。

监测站管理:对全国的监测站点进行管理。管理的数据包括:所属数据中心、监测站、监测站简称、状态、编号、类型、发布情况等。

监测设备管理:对监测设备进行管理,包括数据有:所属数据中心、所属监测站、设备名称、设备型号、供应商、联系方式等。

监测项管理:记录每个监测设备的监测项,包括所属数据中心、所属监测站、所属设备、监测项编码、监测项名称、监测系统描述。

常用监测项管理:记录实际使用中通用的常用监测项内容。包括:监测项编码、监测项名称、监测项描述、单位、采集周期、数据类型、数据长度、精度等信息。

设备型号管理:管理设备的型号、设备名称和上传周期。

网络节点管理:管理各个监测站与数据中心的网络节点关系。

②系统监控

大气辐射环境自动监测软件系统的运行需要实时监控,对在线用户、运行状态、网络链接、系统运行监控、数据平台、数据交换平台等关键信息做到精确把握。系统主要需要完成报警信息监控、系统日志监控、在线用户监控、本地运行状态监控、系统网络监控、数据完整性核对等。

为保证监控数据的直观性;系统需要对实时数据、历史数据提供多种表述方式,主要有趋势图、表格、柱状图等。针对实时数据和历史数据,系统分多站和单站对实时数据和历史数据进行分析,同时对报警数据进行监控。一旦发现异常,运维人员及时做出排查,修复故障,保证系统的高可用性。

③人工报送

自动监测子站设备采样后需要通过分析才能获得的数据无法由系统自动监测上传,人工报送模块主要完成由于无法直接在线获得需要实验室分析的检测项数据的上传工作,定义人工报送流程,配置数据传输方案,填写报送数据,审核上报。

数据报送方式可以分为两种:批量报送和单条数据报送。批量报送:批量报送需要使用批量上报的模板才能够上报成功,上报的数据先保存在关系数据库中。单条数据报送:单条数据的报送需填写省份、站点、设备、监测项、监测值等,确定上报之后将数据保存在关系数据库中。

审核:对上报的数据进行审核,只有审核通过的数据才能够作为有效的数据使用。可以选择多条未审核的数据进行批量审核,也可以通过单击某条数据进行单条数据的审核,在审核时,可以填写审核意见、审核结果(审核通过或不通过)。审核人是登录的当前用户,该审核数据存储在数据上报审核表中,以供使用。

普通搜索:可以按照省份、站点、审核状态来查询上报的数据,只有当选择了某个具体的省份之后,站点才能够选择。

高级搜索:在普通搜索中,省份、站点都选择了之后,高级搜索中的监测设备、监测项的搜索条件才能生效,即可选择。除此之外,搜索条件还有数据类型、监测时间、上报时间。

人工报送数据的流程为:省级数据中心报表报送员填报人工报送数据,并送上级领导审核;省级数据中心报表审核员审核数据,审核同意后送上级领导审批;省级数据中心报表审批员审批数据,审批同意后将数据发送给全国数据中心外网;全国数据中心报表审核员在外网接收数据;全国数据中心的隔离网闸将外网接收通过的数据自动摆渡到内网;全国数据中心的业务人员在内网查看分析各省上报的数据。为了可以灵活、高效地进行人工数据上报,根据报送的流程子功能可以设计为报送流程设置、方案设置、数据填报、数据审批、数据查询等。

④数据分析

当数据汇总中心获得各站点的辐射环境数据之后,系统需要进行数据分析,挖掘出更多信息供研究人员、行政人员参考。数据分析主要是对辐射环境数据以多种方式、多种途径进行分析。可包含以下几大分析功能:剂量率均值对比、剂量率均值分析、报送数据多站分析、报送数据单站综合分析、报送数据单站专项分析、监测站综合分析、地图分析、频谱图分析和风玫瑰图分析等。

⑤数据查询

数据查询模块提供对监测项的原始数据和统计数据的查询。

查询方式可为交互式查询,即以时间段、监测站、监测项等字段作为查询的条件,也需要能够查询任何时间段的各子站的各种类型数据的最大值、最小值、平均值、标准差及数据完整率。

为进一步满足办公需要,要求查询结果可以直接打印,并能导出 Excel 等格式文件。

数据查询模块具体可以细分为原始数据查询、剂量率 5 分均值查询、剂量率时均值查询、剂量率月均值查询、剂量率年均值查询、报警数据查询、门禁事件查询、人工保送数据查询等。

⑥统计分析

大气辐射环境自动监测软件系统将采集的原始数据以及均值数据按照不同的分类进行统计分析，主要包含对统计项的设置以及报表数据的统计分析等功能。为了满足系统用户对不同报表格式的需要，系统还需要允许自定义报表样式。子功能可划分为统计项设置、报表表样管理、报表数据统计、数据标记、报表分析、重新统计等。

实时数据的接收系统需要周期性地进行数据统计，由实时数据（周期 30 s、1 min、5 min）生成5分钟统计值、由5分钟值生成小时值、由小时值生成日统计值，由日统计值生成月统计值。由于不同监测项有着不同的特性，所以不同监测项有不同的统计方法。

剂量率统计：包含剂量率5分均值查询、剂量率时均值查询、剂量率月均值查询、剂量率年均值查询。剂量率统计需要去除统计时间段内被标记要剔除的数据。如果统计涉及的实时数据的开始时间和结束时间跨度较大，则可能会有多段批量标记和多个单点数据需要标记剔除。小时依据5分钟值，日数据依据小时值，月数据依据日数据求平均值、最大值、最小值、最大值时间、最小值时间、开始值、结束值。月数据中还统计了该月的5分钟个数、5分钟最大值、5分钟最小值、5分钟最大值时间、5分钟最小值时、小时最大值、小时最小值、小时最大值时、小时最小值时间等。月数据统计时获取率可设置为20 d。

雨量统计：雨量统计将时间段内的低一级数据求和。

感雨统计：感雨统计时间段内，低一级数据中若有3个及以上感雨值是1，则统计值为1；否则为0。

风的统计：风的统计与剂量率、雨量以及其他默认的监测项不同，最小统计单位是小时。原始数据产生小时数据，统计一小时风速、风向、气压数据，形成32维的数据，涵盖16个方位探测到的风频数和每个方向的平均风速。小时数据产生日数据，将小时数据按日分组对32维数据每个维度求平均得到新的32维数据。日数据产生月数据，将日数据按月分组对32维数据每个维度求平均得到新的32维数据。

数据标记：系统在运行过程中，采集的数据受环境或传输的影响，会产生一些异常值，这些值会对统计数据产生影响。为避免这种异常数据的影响，系统对原始数据提供了标记功能，标记的数据在进行统计时将被排除掉。

单点标记：查询出需要标记的采集点，并逐个选择进行标记。单点标记录入内容包括数据中心、监测站、监测项、采集时间、采集值、标记说明。其中采集时间、采集值选择后自动带过来。

批量标记：指定一个时间段的数据进行统一标记，批量标记录入内容包括数据中心、监测站、监测项、开始时间、结束时间、标记说明。

标记审核：对标记的数据，在本地中心要进行二级审核，只有二级审核都通过，数据标记才能生效。

数据上传：省中心标记的数据与全国数据中心标记的数据要能区分开来。为保证全国数据中心与省数据中心间统计数据的一致性，省中心标记的数据要自动同步到全国数据中心，标记数据的同步周期在一天左右。

重新统计：数据标记后，要提供手动重新统计功能。支持指定时间段重新进行5分钟、小时、日、月、年等报表的统计，并将标记的数据排除。对全国数据中心用户，在进行重新统计时,默认情况下是包含省数据中心标记的数据,可选择是否排除省数据中心标记的数据。

⑦数据监控

系统对实时数据、历史数据提供多种图形监测方式,包括趋势、表格、柱状图等。

多站实时曲线:以趋势曲线的形式实时监测连续自动采集的辐射剂量率数据,可循环查看最近一天内的实时数据,对图形曲线可直接打印。当监测值超过报警阈值时,曲线会按指定的报警颜色进行显示。

多站历史曲线:可按30秒、5分钟均值、小时均值、日均值、月均值查询周期,查询指定时间段的辐射剂量率的历史数据。多个站的辐射剂量率数据可在一起对比显示。对趋势曲线可以进行放大、缩小、移动等常规操作。对图形曲线可直接打印。当监测值超过报警阈值时,曲线会按指定的报警颜色进行显示。

单站实时曲线:以趋势曲线的形式实时监测某个监测站下不同监测项的数据,可循环查看最近一天内的实时数据,对图形曲线可直接打印。当监测值超过报警阈值时,曲线会按指定的报警颜色进行显示。

单站历史曲线:可按30秒、5分钟均值、小时均值、日均值、月均值查询周期,查询指定时间段的同一个监测站的不同监测项的历史数据。对趋势曲线可以进行放大、缩小、移动等常规操作。对图形曲线可直接打印。当监测值超过报警阈值时,曲线会按指定的报警颜色进行显示。

报警:对监测数据和设备运行状态提供报警监控功能。监测数据包括连续自动采集的数据和人工报送数据。自动采集的数据项,报警由现场发起;人工报送的数据项,系统要实时监测报警。当监测数据超出了预先设定的报警阈值,将在系统中产生报警记录。

⑧短信管理

当应急事故或故障发生时,仅由平台显示异常不足以对事件做出快速响应,短信管理模块作为应急消息发布的重要手段,对系统用户进行针对性的通知。在短信管理模块,各数据中心、站点可以设置短信用户,对用户进行分组,同时对短信报警的系统进行分组,按照用户分组和报警系统分组进行短信发送,确保在事故发生时做到秒级通知。短信管理模块具体可以分为短信报警分组、手机用户分组、短信发送查询、短信接收查询等。

⑨参数设置

报警参数设置:可单独对每个监测站的每个监测项设置报警阈值,并能设置报警时监测数据显示的颜色。报警参数设置内容包括数据中心、监测站、监测项、高高限、高高限颜色、高限、高限颜色、低限、低限颜色、低低限、低低限颜色、启用标志。

监控分组设置:系统对图表监测中的实时曲线、历史曲线、数据表格等按数据中心分类提供了默认的分组方式,用户也可根据业务需要在权限范围内自定义监测分组。

风玫瑰图设置:可针对不同监测站的风向玫瑰图进行参数设置,设置内容包括风向列、风速列、气压列、风速过滤下限、气压过滤下限。系统在进行风玫瑰图的日、月、年数据统计时,要参考参数设置中的风速过滤下限值和气压过滤下限值。若某个时间点的实际的风速值低于风速过滤下限值,或实际的气压值低于气压过滤下限值,则去除无效数据或错误数据。

刻度系数标定:记录各省数据中心、各监测站、各监测项的标定时间、刻度系数、启用时间、证书编号、标定单位、状态等信息。

统计监测项设置:对不同报表的统计项目进行设置。包括数据中心、监测站、监测设备、监测项、统计表类型、计算方式、状态等。

宇宙射线响应管理:管理宇宙射线响应值,记录数据中心、监测站、监测设备、监测项、标定时间、宇宙射线响应值、启用时间、证书编号、标定单位。

自动上报设置:对各数据中心的各监测站进行分步的自动上报设置,包括5分钟数据、小时数据、日数据、月数据的上报设置。

⑩后台报警

后台报警管理模块提供的服务主要为:对从自动监测子站通过网络传输到数据中心的采集数据进行报警检查,产生报警信息存储到数据库中;根据配置信息,生成或者解析文件,并存入数据库中;根据配置文件的模块代码信息,定时更新数据库中本模块的活动时间。在功能上,后台报警模块对实时数据或者不连续采集项进行报警限值判断,产生实时数据报警并存入数据库;对历史数据进行偏差或均值计算,并将生成报警数据存入数据库;根据系统报警项的改变,及时生成报警数据,保证系统正确运行;生成系统日志。

4.6.3　管理与维护

4.6.3.1　平台管理

平台管理模块主要对系统用户、资源、组织结构等进行配置,给用户分配相应的权限,维护系统的运行。平台管理模块主要分为应用系统管理、组织机构管理、资源管理、角色管理、用户管理等功能。

组织机构管理:超级管理员可以增加、删除、修改组织机构信息。相关省份可根据实际情况提出相关申请,并上传相关附件。超级管理员根据申请材料及回复编辑信息。

用户管理:根据权限要求设置相关用户及管理组,根据不同权限展示不同内容,各用户名需绑定相关人员手机号码。分级管理,省级管理员负责辖区内用户管理,超级管理员负责分配、管理各省管理员账号。

角色管理:对角色的管理,编辑用户角色名称、角色描述,将资源授权给角色。不同的角色对系统有不同的操作权限。

应用系统管理:管理应用系统名称、地址,可添加其他应用系统的地址。

资源管理:将系统的功能点定义为资源,为用户权限提供基础资源。

4.6.3.2　系统维护

报表管理维护:记录报表的基本情况,包括分类名称、备注,进行表样文件提交的操作;对报表名称、报表标题、报表类型、统计监测站、时间精度进行管理;提交表样文件上传功能。

代码管理维护:对代码项进行管理。

时间同步:整个系统能自动时间同步,以全国辐射连续自动站监测汇总中心的时间为准,系统内时间误差小于3 s,在全国辐射连续自动站监测汇总中心有手动时间同步功能,整个系统能自动时间同步。提供选择单站点的时间同步,及全部监测点的时间同步。

设备参数控制:可对现场设备进行相关参数的设置,当实际监测数据达到报警条件时,现场监测站要进行报警,并将报警信息发送给数据中心。控制参数不能随意修改,需要口令校验。在参数发生改变后,可提供缺省值设置功能,将参数还原到缺省状态。设备参数设置由省数据中心发起,用户通过业务系统进行设置后,要通过数据交换平台将设置指令发送到现场监测站。

数据比对:为了检验系统的监测数据是否正常,需要定期对监测数据进行比对,比对数据需要人工录入。比对包括放源比对、设备比对、单位数据比对三种方式,每种方式可录入比对的10组数据,并计算标准差。

数据导入:在仪器发生故障或出现数据误报漏报时,用户可通过手动方式将数据导入系统中,导入的数据文件需要按照指定的Excel文件格式进行整理。为保证数据的安全性,系统管理员才能有此权限操作。

4.6.4 网络安全防护

全国辐射连续自动站监测系统网络安全保密系统的主要目标可概括为以下三点:

保证全国辐射连续自动站监测系统安全、可靠、稳定的运行,从系统物理环境、系统运行、安全管理和维护的角度来保证系统的可用性;

保证全国辐射连续自动站监测系统中的信息安全,确保信息在全国辐射连续自动站监测系统网络中产生、传输、处理和存储的全过程中各种信息的保密性、完整性、可用性和抗抵赖性;

保证全国辐射连续自动站监测中传播内容的合法性,防止和控制非法、有害的信息内容在全国辐射连续自动站监测网络内进行传播。

4.6.4.1 安全风险需求分析

全国辐射连续自动站监测系统中的数据涉及敏感和秘密信息。这些重要信息在专线网络传输平台上的存储、传输、转发、处理过程中面临诸多风险,需要采用以加密为设计核心的安全保密措施防止数据信息的泄密、篡改和破坏。

大气辐射环境自动监测系统需要保证全国辐射连续自动站监测系统网络传输方式的数据机密性、完整性;保证全国辐射连续自动站监测系统网络内涉密数据与非涉密数据间边界明确且安全;全国辐射连续自动站监测系统内所有密码设备通过一套密钥管理中心实现密钥集中管理。

4.6.4.2 物理安全防护

物理安全是整个网络信息系统安全的前提,是信息安全保障的基础。信息网络系统可能面临地震、水灾、火灾、电源故障、电磁辐射、设备故障、人为物理破坏等物理安全风险,这些风险都可能造成系统崩溃。

大气辐射环境自动监测系统必须具备环境安全、设备安全和介质安全等物理支撑环境,保护网络设备、设施、介质和信息免受自然灾害、环境事故以及人为物理操作失误或错误导致的破坏、丢失,防止各种以物理手段进行的违法犯罪行为。

具体的物理安全防护要求有:机房建设要满足相关国家标准,如《电子计算机机房设计规范》《计算站场地技术条件》《计算站场地安全要求》等;安装必要的机房门禁系统、监视系统、接地及防雷设备等;设置火灾报警系统及灭火设备,并定期检查消防安全隐患;配备可保证延时4~8 h电源供应的UPS;配备必要的空调和湿度调节设备,使机房温、湿度能够满足设备正常运行需求;关键网络设备应有备份或应急措施,并采取必要的防水、防潮、防静电措施,保证设备的正常工作;采用磁带库和专业备份恢复软件,对重要业务数据和系统数据进行备份;对磁盘、磁带等存储介质进行规范保存,防止介质损坏造成数据丢失,存放间必须符合GBJ 45—82中规定的一级耐火等级,并符合防水、防潮、防高温、防磁场、防震要求,或存放在具备防火、防高温、防水、防潮、防震、防磁场的容器中;严格机房出入和设备操作登记制度并妥善保存以备查用。

4.6.4.3 防火墙防护设计

网络威胁主要来自几个方面:黑客攻击、网络管理的欠缺、因特网自身的缺陷、软件的漏洞或者"后门"的存在以及局域网内部用户的一些误操作等。因此为了提高系统广域网络网间通信的安全性,根据全国辐射连续自动站监测系统信息安全体系建设的总体目标,针对目前系统广域网络防火墙子系统的技术需求和工程实施需求,应在全国数据汇总中心网络边界和各省级数据汇总中心部署千兆防火墙。

4.6.4.4 防病毒系统设计

在每个省级数据汇总中心各部署1套杀毒软件,在省级数据汇总中心服务器、计算机和所属区域内的现场监测子站的工控机上安装,由省级数据汇总中心的防病毒服务器统一管理、升级,升级由服务器统一升级再下发到各客户端,保证杀毒软件的版本持续更新,利于集中的病毒防护管理。

4.6.5 数据应用及共享发布

数据交换平台用于数据应用及共享发布,实现数据中心、监测站、监测设备、监测项的统一管理。一个省份就是一个数据中心。数据中心的信息项包括中心名称、中心简称、所在区域省市、数据传输服务器IP地址、传输服务器端口、数据库服务器IP地址、数据库类型、数据库名称、数据库端口、用户名、密码等。进行数据中心删除时,若该数据中心下有现场监测站,则提示不能删除。

数据库接口适配器根据监测站的实际环境,进行数据采集、传输的相关配置,通过数据库接口获取现有站的数据,把实时采集的数据保存到本机数据库,同时通过有线网络或无线链路上传给省级数据汇总中心或全国数据汇总中心的数据接收传输模块。数据库接口适配器能接收省级数据汇总中心或全国数据汇总中心的历史数据请求,将历史数据发送给数据中心,查询存储在本地数据库的历史数据,接收省级数据汇总中心指令,进行报警设置;实时监测采集的数据,发现异常时及时将报警信息发送给数据汇总中心。

设备接口适配器用于采集现有站监测设备的数据,并将数据实时传送给省级数据汇总中心。数据接收传输模块接收现场监测站数据,在本地数据库进行整理存储,并将汇总的数据上传给全国数据汇总中心;能向现场监测站请求历史数据或下发控制指令,进行设备相关参数的设置。数据处理模块接收同级数据接收传输模块传来的数据,对数据做数据解析、时间规整等处理之后,写入数据库。

4.6.6 通信流程和应答机制

通信流程和应答机制的设计和实现在各种通信协议和网络应用中都至关重要。合理的通信流程和有效的应答机制可以保障数据传输的准确性、及时性和安全性。在现代计算机网络中,常见的通信协议如 TCP/IP 协议栈和 HTTP 协议等都涵盖了相应的通信流程和应答机制,以支持可靠的数据交换和通信。

4.6.6.1 通信协议

辐射环境自动监测系统通常采用 TCP/IP 协议栈的通信协议来实现数据的传输和通信。TCP/IP 协议栈是互联网通信的基础,它由多个协议组成,用于在网络中传输数据和实现各种功能。

(1)TCP (transmission control protocol):TCP 是一种面向连接的协议,它提供可靠的数据传输。辐射环境自动监测系统中,TCP 通常用于传输实时或历史辐射监测数据,确保数据的完整性和准确性。

(2)IP (internet protocol):IP 是一种无连接的协议,它负责在网络中将数据包从源地址传输到目标地址。IP 协议是互联网的核心协议,它为数据包提供了路由和转发功能。

(3)UDP (user datagram protocol):UDP 是一种无连接的协议,与 TCP 相比,它不保证数据传输的可靠性,但传输效率更高。在辐射监测系统中,UDP 可能用于传输实时数据,如实时辐射监测点的读数。

(4)HTTP (hypertext transfer protocol):HTTP 是一种应用层协议,用于在 Web 浏览器和 Web 服务器之间传输超文本和其他数据。在辐射环境自动监测系统中,HTTP 协议可能用于与 Web 界面或云端服务进行数据交换。

(5)FTP (file transfer protocol):FTP 是一种用于文件传输的协议,用于在计算机之间传输文件。辐射环境自动监测系统中,FTP 可能用于上传和下载辐射数据文件。

辐射环境自动监测系统通过使用 TCP/IP 协议栈的通信协议,可以实现数据的高效传输、网络连接的稳定性和数据传输的可靠性。这些协议为系统提供了稳健的通信基础,保障了辐射监测数据的传输和处理。

4.6.6.2　应答机制

(1)平台主动请求模式

平台主动请求模式是指在计算机或网络系统中,数据或服务提供方主动向数据使用方或服务调用方发送请求的工作模式。在这种模式下,数据或服务的提供方主动发起通信,向使用方请求数据或触发某种服务操作,而不是等待使用方发起请求。平台主动请求模式通常应用于以下几种情况。

①实时数据推送:数据提供方可以定期或在特定事件触发时主动向数据使用方推送实时数据。例如,气象监测站可以定时向用户推送天气预报数据。

②事件通知:数据提供方可以通过主动请求模式向使用方发送事件通知,以便及时通知用户某些重要的事件或信息。例如,银行可以向用户发送交易成功的通知。

③服务触发:服务提供方可以主动向用户发送服务触发请求,引导用户进行特定的操作或交互。例如,电商平台可以向用户发送促销活动的触发请求。

④数据同步:在分布式系统中,数据提供方可以主动请求其他节点的数据同步,以保持数据的一致性。

平台主动请求模式可以提供及时、实时的数据和服务交互体验,增强用户的参与感和满意度。同时,它也要求数据提供方具有较高的可靠性和稳定性,能够在任何时刻向用户发送请求。在实际应用中,平台主动请求模式常常结合异步通信和消息队列等技术,以确保数据的可靠传递和处理。

(2)自动站主动请求模式

自动站主动请求模式是指在自动监测站(例如辐射环境自动监测站)中,监测设备或传感器主动向监控中心或数据采集系统发起请求,发送数据或触发数据传输的工作模式。在这种模式下,自动站作为数据提供方主动发起通信,向监控中心请求数据上传或触发数据传输,而不是等待监控中心发起请求。自动站主动请求模式通常应用于以下几种情况。

①实时数据上传:自动监测站可以定时或在特定事件触发时主动向监控中心上传实时监测数据。例如,辐射环境自动监测站可以定时向监控中心上传辐射水平数据。

②告警和事件通知:自动监测站可以通过主动请求模式向监控中心发送告警信息或触发事件通知,以便及时通知监控中心某些重要的监测事件或异常情况。

③数据同步:在分布式监测系统中,自动站之间可以主动请求其他自动站的数据同步,以保持监测数据的一致性。

④数据质量检测:自动站可以主动请求监控中心对上传的数据进行质量检测,确保数据的准确性和可靠性。

自动站主动请求模式可以提供更及时、实时的监测数据和事件通知,有助于监控中心及时做出响应和决策。同时,它要求自动站具有较高的稳定性和可靠性,能够在任何时刻向监控中心发送请求。在实际应用中,自动站主动请求模式通常通过网络通信和远程控制技术来实现,确保数据的安全传输和可靠处理。

(3)超时重发机制

超时重发机制是一种在计算机网络通信中常用的应对数据丢失或传输延迟的技术。当发送方向接收方发送数据时,会设定一个合理的超时时间,如果在规定的时间内没有收到接收方的确认响应或数据包,发送方会认为数据丢失或传输失败,然后会重新发送相同的数据,直到接收方成功接收到数据或达到最大重发次数。

(4)数据补遗机制

数据补遗机制是指在数据传输或数据处理过程中,对丢失、延迟或错误的数据,通过特定的方法进行补充或修正,以确保数据的完整性和准确性。数据补遗机制通常用于提高数据传输的可靠性和数据处理的准确性,特别是在不可靠的网络环境或数据采集过程中。

数据补遗机制可以分为以下几种常见的类型。

①重传机制:在数据传输过程中,如果数据包丢失或传输错误,发送方会重新发送相同的数据包,直到接收方成功接收到为止。

②差错校正码:通过使用差错校正码(error correction code, ECC),可以对数据进行纠错。差错校正码是一种冗余编码技术,通过在数据中添加冗余信息,使得接收方可以在接收到一部分损坏的数据时,通过冗余信息恢复原始数据。

③插值:在某些情况下,可能只收到了部分数据或数据不连续,可以使用插值技术来推测缺失的数据。插值方法可以根据已有的数据点之间的关系,推测出缺失数据的估计值。

④数据冗余:在数据采集和传输过程中,可以采集多个相同或相似的数据,并进行冗余存储。当部分数据丢失时,可以使用冗余数据来填充或替代丢失的部分。

⑤时间戳:在数据采集中,对于时间关联的数据,可以在数据中添加时间戳。时间戳可以用于后续数据排序和恢复,确保数据的时序准确性。

通过合理的数据补遗机制,可以提高数据的完整性和可靠性,保障数据的有效使用和分析。在设计数据补遗机制时,需要综合考虑数据传输的可靠性、处理复杂性以及对带宽和存储资源的需求。

第5章 大气辐射环境自动监测系统的安装与验收技术

大气辐射环境自动监测系统安装是建设全过程的关键程序，竣工验收是建设全过程的最后一道程序，两者是全面考核建设工作、检查建设工程是否符合设计要求和工程质量的重要环节，是建设投资成果转入使用的标志，也是一次全面的设计和施工质量检验，对加强固定资产管理、促进自动站达到设计能力和使用要求有重要作用。

5.1 安装总体要求

自动站的安装包含仪器设备安装和集成（包括设备集成、现场监测点软件编制、数据通信与传输等），站房及基础设施建设（包括自动站地基建设、电缆铺设、避雷系统建设、电源接入站房、通信接入站房、站房接地及施工等）等。

自动站配备的仪器设备应满足建设技术要求，主要仪器设备需提供合格的性能测试报告，具体测试设备依据项目要求确定，性能测试的内容应包括但不限于表5-1内容。

表5-1 自动站主要仪器设备性能测试内容

序号	设备名称	性能测试内容
1	高气压电离室	相对固有误差、能量响应、过载特性、指示涨落、响应时间、环境温度、高温高湿、振动
2	NaI(Tl)γ谱仪	固有误差、核素识别灵敏度、探测效率、能量范围和非线性、核素识别能力、高计数通过率特性、高剂量率响应特性、能量响应、峰堆积效应、能量分辨率、稳定性（道漂）、高低温性能影响、高温高湿性能稳定性、振动

5.2 安装技术要求

5.2.1 站址要求

满足《大气辐射环境自动监测系统建设技术规范》对站址的供电、防雷、通信、防水淹、承重基础条件和运行维护方便性,同时自动站设备运输、吊装和安装等工程具有适宜性。

5.2.2 布局要求

5.2.2.1 站房外部设备布局要求

高气压电离室灵敏体积和 NaI(Tl) γ 谱仪晶体几何中心应高度一致,高气压电离室和 NaI(Tl) γ 谱仪的水平距离不小于 1 m。各采样器进出气口布设合理,避免造成相互干扰。对超大流量气溶胶采样器进行降噪处理,噪声水平满足相关要求。

5.2.2.2 站房内部设备布局要求

站房内部各仪器、设备及机柜布局设计需合理,预留合理工作和维护空间,避免相互影响,便于后期维护;对超大流量气溶胶采样器进行降噪处理,工作空间内噪声水平满足相关要求。

站房布局参考图如图 5-1 和图 5-2 所示。

5.2.3 站房要求

(1)站房尺寸:符合招标文件要求。

(2)外观要求:站房和楼梯均喷涂白色亚光丙烯酸聚氨酯磁漆。

(3)面积要求:站房安装平台面积不小于 20 m^2,周围应预留 1 m 的检修通道。

(4)站房安装要求:整体框架、三明治大板结构,整体拼装,抗 6 级地震,抗 12 级台风。

(5)站房顶部护栏要求:高度不小于 1.2 m,杆件净距不应大于 0.5 m,安装结实、牢固,材质防腐蚀。

(6)斜梯:站房侧面安装防滑踏步梯,踏板为镂空设计增强防滑性,护栏、斜梯踏板采用不锈钢或碳钢等材料,斜梯坡度一般不大于 45°。

(7)噪声控制:监测、采样设备工作时,站房外(采样器流量最大时,距出风口 2 m,离地高度 1 m)噪声小于 55 dB、站房内工作间噪声小于 75 dB,夜间和白天,符合声功能区划要求。

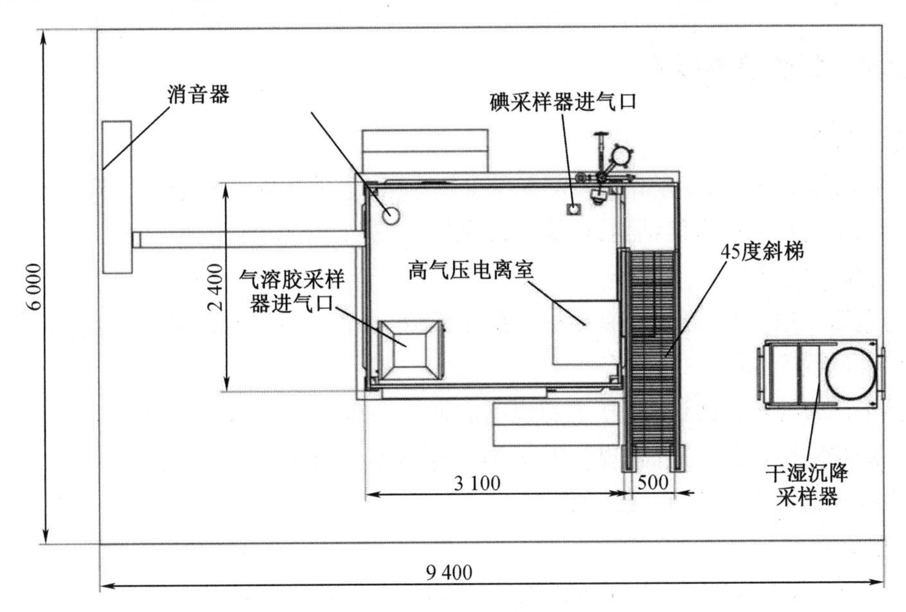

图 5-1　站房外部布局参考图(单位:mm)

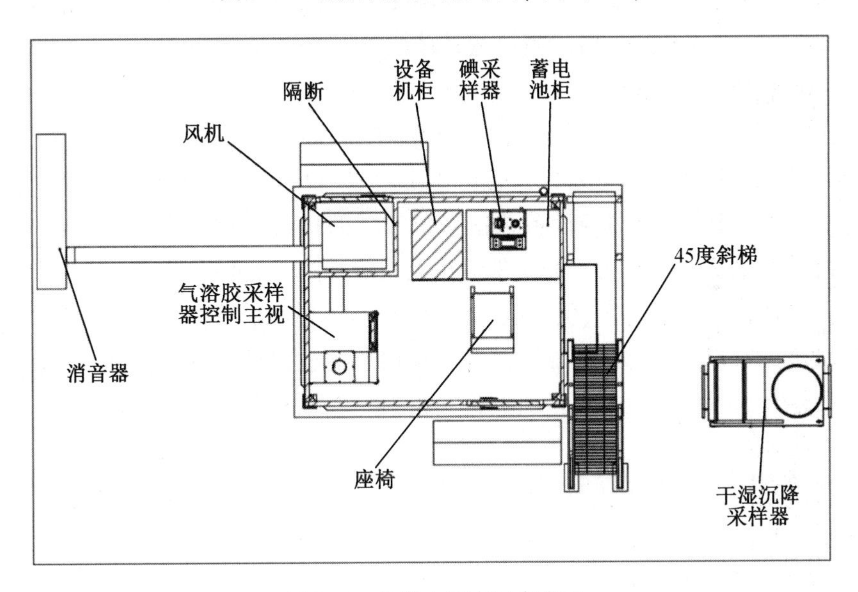

图 5-2　站房内部布局参考图

(8)防火:配置灭火装置。

(9)防鼠虫害:站房窗、孔应考虑配置防虫网等相关防虫、防鼠措施。

(10) LED 显示器:根据需要可选择性安装,安装于一体化站房顶部正面。

(11)太阳能电池板:根据需要可选择性安装,方向和角度可变换。

(12) 保温隔热:在高温或寒冷的地区,应采取附加保温隔热或加热措施,确保满足仪器稳定运行需要。

(13)安防系统:摄像头安装位置使摄像范围覆盖站房顶部及 20 m^2 的周围环境。

5.2.4 配套设施要求

(1)基础要求

站房和设备地基应满足站房和设备承重要求,一般采用钢筋混凝土结构,无法采用钢筋混凝土结构的可采用钢架结构,地基标高为距离基准面30 cm。

(2)线缆及管路要求

动力电缆采用三相五线制,采用标称截面积16 mm^2 及以上铜芯电缆,通信线缆采用超五类及以上网线。

管路采用镀锌钢管敷设(包括电源线缆和通信线缆);地面站点的管路应敷设于地下,楼顶站点的管路应敷设于地面、规整固定、横平竖直不能交叉。

站房的线路走线美观,布线应加装线槽。

(3)防雷要求

站房防雷:自动站的防雷设计标准参照《自动气象站场室防雷技术规范》执行。除另有规定外,设备接地电阻值不大于4 Ω。设备接地宜与防雷接地系统共用接地网。在土壤电阻率大于1 000 Ω·m的地区,可适当放宽其接地电阻值要求。

防雷直击:系统需配备避雷针,有效防止直击雷入侵产生的危害。

防闪电感应:应根据电源接口数量配备相应的电源防雷保护器,防雷效果达到国家规定的室外运行设备电源防雷的相关要求;低压配电系统应安装满足要求的相应SPD(电涌保护器)进行多级保护;应根据各设备数据采集实际的接口类型和数量配备相应的信号防雷保护器,防雷效果达到国家规定的室外运行设备信号防雷的相关要求。

站房防雷材料要求:避雷针、引下线、接地体的材料必须采用金属导电材料。

站房及设备进行等电位处理,站房外部预留接地端子,与外部接地网进行连接。

到货安装验收时提供防雷设计文件、进场材料材质单和合格证等,提供防雷检测报告。

(4)配电要求

站房应具备稳定可靠的市电供应,电压稳定性好于±10%。采取三相五线式供电方式,电压为380 V,功率不小于20 kW。站房应预留接电安装位置。

站房供电应配备独立的配电箱,安装电表和电闸。

配电箱安装在内部的采用壁挂式安装;配电箱安装在户外的,箱体需要使用耐腐蚀材料;配电箱接口均采用端子式压接。

主配电箱电气原理参考图如图5-3所示。

(5)温湿度要求

温湿度控制系统用于保证站房内设备的运行环境,站房温度应控制在0~35 ℃,站房湿度应控制在不大于85%,具备来电自启动功能。在极端环境条件下,应采用有效措施保证温湿度控制系统正常工作。

(6)照明要求

站房内照明应保证人员工作时有足够亮度,不小于300 lx,开关位置便于使用。

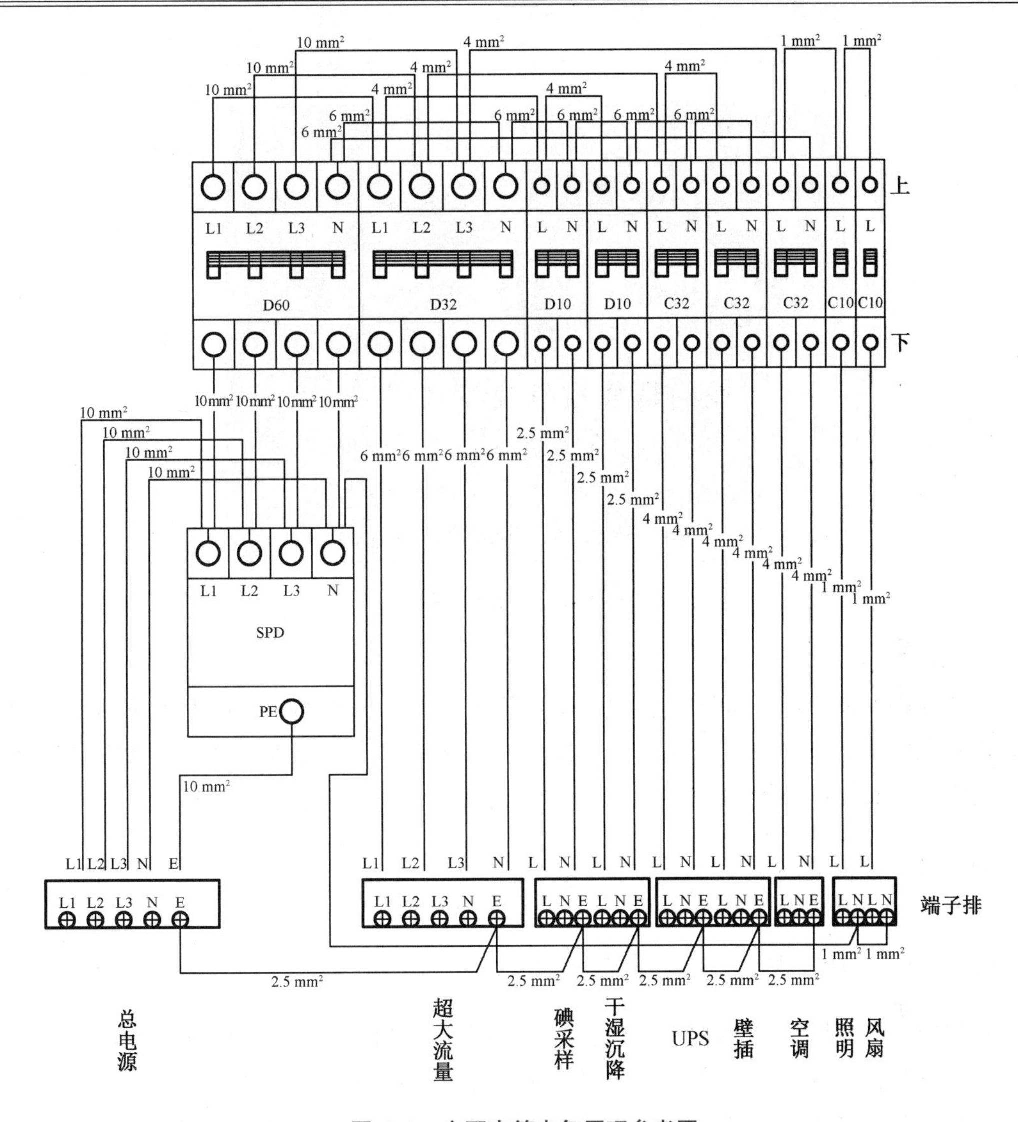

图 5-3　主配电箱电气原理参考图

(7)标牌要求

标牌尺寸:宽 70 cm×高 50 cm×厚 4 cm。

标牌材质:拉丝不锈钢(镜面边)。

标牌内容及布局、字体字号:标牌从上往下依次排列的是,“中华人民共和国生态环境部”(字体:方正粗宋简体;字号:118. 3、弧度:50)、“生态环境标志”“辐射环境空气自动监测站”(字体:方正大黑简体;字号:95. 81)、“ * * 站”(字体:方正粗宋简体;字号:118. 3)、“NO. * * ”(字体:方正大黑简体;字号:46)、“东经: * * ° * * ′ * * ″ 北纬: * * ° * * ′ * * ″”(字体:方正大黑简体;字号:46)。

标牌悬挂位置:标牌固定于一体化站房门边和外围护栏入口处。

标牌示意图如图 5-4 所示。

图 5-4　标牌示意图

(8)防护围栏

站房外围安装围栏,地面站点围栏高度不低于 1.8 m,杆件净距不应大于 0.11 m;楼顶站点围栏高度不低于 1.2 m,杆件净距不应大于 0.11 m;围栏安装结实、牢固,材质防腐蚀。

所有户外螺栓螺帽都必须使用不低于 304 标准的不锈钢并进行表面处理。

5.2.5　仪器要求

5.2.5.1　一般要求

仪器应有铭牌标识,标有仪器名称、型号、生产单位、出厂编号和生产日期等信息。

仪器设备各部分连接可靠,表面无明显缺陷,各操作按键使用灵活。

电缆应有明显标识,管路应提供布设图。电缆线路的施工满足相关规范要求。

高气压电离室安装在站房顶部的百叶箱中,探测器灵敏体积几何中心距离基础面 1 m;百叶箱为玻璃钢材质,顶部进行隔热、保温处理,防腐防潮。

5.2.5.2　NaI(Tl)γ 谱仪

NaI(Tl)γ 谱仪安装在站房顶部的专用底座上,NaI 晶体几何中心距离基础面 1 m。

5.2.5.3　超大流量气溶胶采样器

超大流量气溶胶采样器采用分体布局,滤膜仓位于站房顶部,电机位于站房内,采样口高度高出基础面 1.5 m。出气口根据实际情况布设,与采样口尽量拉开距离(不小于 3 m),避免相互影响,同时与其他采样器保持一定距离,避免对其他采样器造成影响。

出气口安装加长管(不小于 2 m),以减少出风与进风的互相干扰和降低噪声。

5.2.5.4　气碘采样器

气碘采样器采样口安装在顶部,采样口高度高出基础面 1.5 m。应尽量远离超大流量气溶胶采样器采样口,对角线布局最佳,以降低气流的干扰。

5.2.5.5　干湿沉降采样器

干湿沉降物采样器安装在地基上,周围开阔、无遮盖,与站房等遮挡物保持一定距离(一般不小于 1 m),同时尽量远离超大流量气溶胶采样器出气口。采样盘地面保持水平,上口离基础面 1.5 m。在极寒条件下应安装加热装置,保证样品有效采集。

5.2.5.6　降雨感应器

降雨感应器安装在站房顶部,安装位置应保证雨水不被遮挡。

5.2.5.7　自动气象仪

气象设备气象杆地面站点距离基础面高度为 10 m,楼顶站点距离基础面高度为 6 m。自动气象站直接安装在混凝土地基或站房顶部,抗风等级为 10 级(对于个别极端条件地区应能抗风 12 级),采用 3 条钢丝斜拉锁进行安全联锁,钢丝斜拉锁应避开站房顶端人员操作空间。

雨量计安装高度为距离基础面 0.7 m,周边无遮拦,不影响雨水的收集。

5.2.5.8　模块化箱体

(1)箱体安装

模块化箱体分为数据采集模块、通信传输模块、显示模块、主配电箱、配电模块、UPS 电源模块、电池模块等,采用 19 in 上机架设计,高度一般采用 2 U 或 4 U。模块化机柜尺寸:600(宽)mm×800(深)mm 标准机柜。电池柜尺寸:600(宽)mm×800(深)mm。(图 5-5)

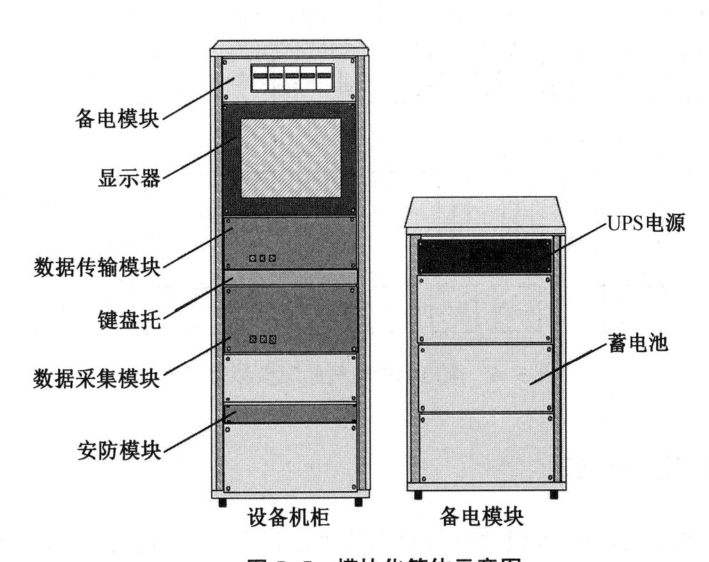

图 5-5　模块化箱体示意图

(2)箱体材质、外观

箱体涂层抗老化、抗辐射,表面无缺陷。箱体开门满足单人独立操作便捷性的要求,箱体应避免可能造成人体伤害的结构设计,避免毛刺、尖锐物和锐利边缘等。

箱体拥有抗腐蚀及电化学反应的能力,内部件均采用阻燃材料,箱体材料应有足够的机械强度,在运输、安装过程中不应受损伤。

(3)数据采集模块前面板安装开关,接口安装在背面板,设备使用 UPS 供电,外接设备的接口加装防雷器。

(4)配电模块

配电模块主要对 UPS 输出进行再分配,完成设备的供电。配电模块电气原理参考图如图 5-6 所示,具体根据实际情况调整。

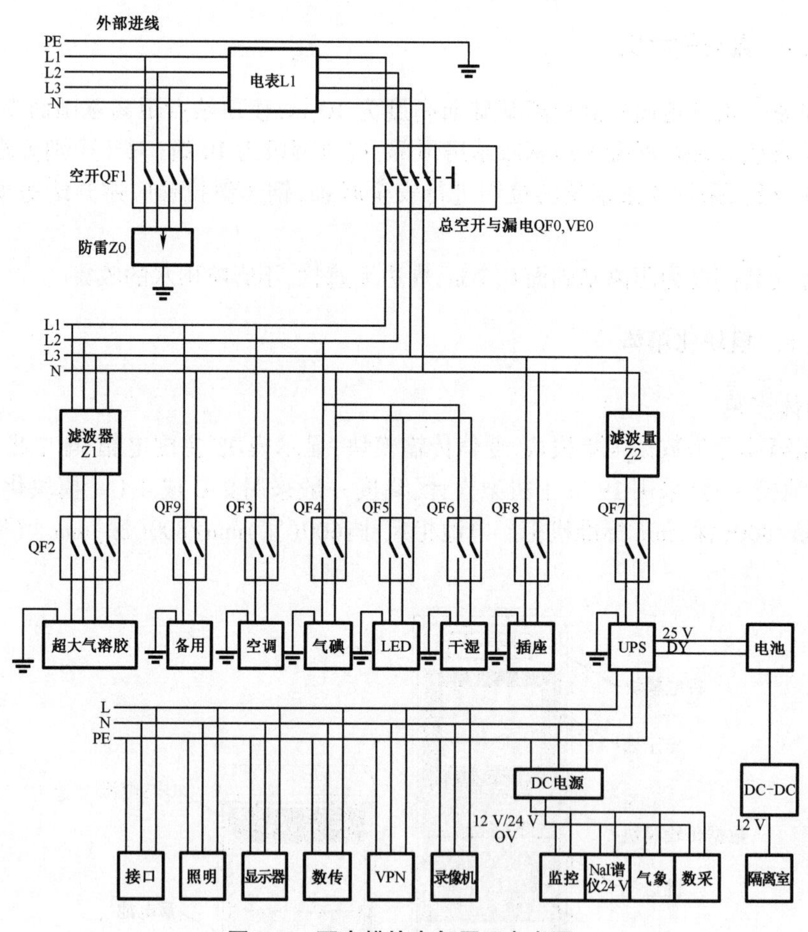

图 5-6　配电模块电气原理参考图

5.2.6　现场施工要求

施工前管理:项目施工前,承建单位应对点位供水供电、通信情况、施工安全、施工条件等进行全面勘查,制订现场施工管理制度。

施工申请:项目开工前,由承建单位向监理单位提交施工申请。

施工批准:经业主批准后,依据监理单位的开工令开始项目实施工作。

施工管理:承建单位应建立健全管理体系,做好全过程管理工作。

施工安全:承建单位做好运输、吊装、登高、用电等全过程安全防护工作。

5.3　验收总体要求

验收包括到货验收和最终验收,包含设备设施现场检查和文档验收。根据需要可开展性能抽测。

5.3.1　验收程序

5.3.1.1　承建单位认真做好项目单位工程竣工预验收工作

(1)基层施工单位与项目经理组织自验收

基层施工单位,由施工队长组织施工队有关职能人员,对拟报竣工工程的情况和条件,根据施工图要求、合同规定和验收标准,对自动站进行检查验收。项目经理部根据施工队的报告,由项目经理组织生产、技术、质量、预算等部门进行自检,自检内容及要求参照前条。经严格检验并确认符合施工图设计要求,达到竣工标准后,可填报竣工验收通知单。

(2)公司级预验

根据项目经理部的申请,竣工工程可视其重要程度和性质,由公司组织检查验收,也可分部门(生产、技术、质量)分别检查预验,并进行评价。对不符合要求的项目,提出修补措施,由施工队定期完成,再进行检查,以决定是否提请正式验收。

5.3.1.2　承建单位提交验收申请报告

承建单位决定正式提请验收后应向监理单位送交验收申请报告,监理工程师收到验收申请报告后应参照工程合同的要求、验收标准等进行仔细审查。

5.3.1.3　建设单位做好竣工验收管理工作

(1)领导高度重视

验收工作是整个工程建设的重点工作,也是难点工作,验收工作纷繁复杂,也是矛盾日渐突出的时期。因此,需要各部门领导的高度重视,做好宏观管理工作,细化微观的监督工作。

(2)成立验收工作小组

建设单位组建验收工作小组负责指挥、协调各单位工程、各阶段、各专业的检查验收工作,对各单位工程做出评价,对缺陷提出整改意见,督促相关单位消缺、复查。协同项目法人单位组织、协调工程整套启动试运验收准备工作,拟定工程整套启动试运方案和安全措施。

(3)组织正式验收

对工程进行正式验收,会同承建、监理等单位对自动站建设工程的工程档案资料、竣工图纸等进行全面验收。

5.3.1.4 监理单位做好验收监理工作

(1)对工程质量的检查、确认

监理单位应协助建设单位审查竣工验收条件,确认是否已完成工程设计和合同约定的各项内容,达到竣工验收标准

(2)对施工单位的施工质量文件进行检查、确认

(3)对工程项目质量合格等级的核定

监理单位应向建设单位提出工程质量评估报告。

(4)协助建设单位查阅工程项目全过程竣工档案资料

(5)配合建设单位确认工程量、工程质量

工程项目竣工验收前监理单位应配合建设单位确认工程量、工程质量,为建设单位及时支付工程款提供相关依据

5.3.2 验收总体要求

遵循以结果为先导,以文档为基础,以性能为纲要,以标书为准绳的原则,对大气辐射环境自动监测站建设项目进行验收。

5.3.2.1 结果为先导是具体目标

承建单位已完成现场自动站到货安装调试、数据系统调试、试运行和培训等各项工作。自动站各设备性能测试满足要求,各站点试运行无异常且高压电离室和 NaI(Tl) γ 谱仪辐射监测数据连续 3 个月的数据获取率达到 99%,自动站设施和其他设备连续 3 个月无故障运行率不小于 95%。

5.3.2.2 文档为基础是必备要求

承建单位应提供完整的到货验收、安装调试、试运行阶段等各时期相关档案文件,以及仪器设备等所有文档。包括但不限于自动站试运行报告、站点本地软件测试报告、集成测试报告、系统测试报告、项目进度报告、自查报告、问题报告和解决报告、需求变更文件、培训报告、运行维护方案(包括自动站运行维护记录)等。提交的最终验收报告主要内容应至少包括:项目整体情况介绍,项目管理情况,项目人员情况,项目进度、执行和完成情况,项目质量控制、运行情况,故障情况和存在的问题及解决情况,运行维护方案等。

档案资料应齐全、完整、装订成册,归档文件应完整、成套、系统。

5.3.2.3　性能为纲要是重要指标

自动站主要仪器设备需提供合格的性能测试报告，具体测试设备依据标书要求确定，性能测试的内容见表5-1。

5.3.2.4　标书为准绳是主要规范

标书依据法律的约束，遵循公平交易的原则确定了各方的权利和义务，进一步规范了各方建设主体的行为。他是实行建设工程验收阶段的重要法定依据。所有的建设、技术和验收要求，最终都要以标书上规定的为主。验收工作要做到从严要求，但又不片面的苛求。应当实事求是，遵循实际，结合自动站建设的现场情况，对存在问题提出合理的建议。同时也不一味放松，要严格按照标书、标准的要求，对不符合要求的内容责令承建方进行整改完善。

5.3.3　几个重点注意事项

在自动站建设项目的设计阶段，对站房的总重量、承重以及墙面结构做出了统一的要求；在验收阶段，应对上述几项内容进行重点的检查。此外，还应检查监测站布局是否合理可靠，是否达到低功耗标准，是否具有良好的环境适应性，是否具有互换性等要求。

5.3.3.1　点位

根据《国控大气辐射环境自动监测站建设项目点位布设原则与要求》，确认点位是否满足稳定性、规范性、易运维性的原则。

5.3.3.2　基础设施

(1)检查站房三防要求、护栏等要求、楼梯要求、通风要求

(2)配电要求：检查配电稳压器是否三相五线制，安全防护要求是否达到标准，站房是否做好防雷、防雷直击、防闪电感应等防护措施，是否做好安全防范系统的防雷与接地，站房防雷材料是否满足要求。

5.4　验收技术要求

验收包括对技术文件、设备及系统硬件和软件系统的验收，设备方面主要查看仪器设备的数量、配置是否满足合同和技术方案要求。设施方面主要查看站房的数量、安装是否满足技术方案要求，外观是否完好；是否具备通信、供电、防雷等设施。

验收可分成到货验收和最终验收。

到货验收:完成现场到货后书面向业主单位提出验收申请,经核准符合验收条件,由业主实施验收。

最终验收:到货验收完成,承建单位完成自动站建设安装调试、数据接入及试运行后向业主单位提交验收申请和相关材料,经核准符合验收条件,由业主组织实施验收

5.4.1 到货验收

5.4.1.1 技术文件要求

验收技术文件主要包括招投标文件、项目采购合同、经过审查的设计方案、施工安装图纸及设备清单、三级进度计划、质量计划、施工方案、安全技术方案(安全检查等)。

5.4.1.2 设备及系统硬件随机文档

设备及系统硬件随机文档包括原厂商设备(高气压电离室、NaI(Tl) γ谱仪、超大流量气溶胶采样器、气碘采样器、干湿沉降采样器、降雨感应器、自动气象站、数据系统硬件等)的装箱单、出厂质量合格证明文件、保修服务卡,部分设备(高气压电离室、NaI(Tl) γ谱仪、超大流量气溶胶采样器、气碘采样器)的中国法定计量检定部门出具的检定/刻度/校准证书等,进口设备需提供原产地证明和报关单、图样、安装手册、中文原厂说明书、中文用户使用和操作指南、中文维护手册、安全操作手册、装配和电气原理图、售后服务承诺文件、应用软件等。系统软件资料包括软件系统源代码、应用系统开发文档、操作手册、使用说明书、维护手册、系统部署示意图等。

5.4.1.3 项目文档

项目文档主要包括但不限于仪器设备到货验收文件,安装调试计划,安装基础图、电气接线图,安装工艺规程,问题报告和解决报告,需求变更文件,项目进度报告。

5.4.2 最终验收

5.4.2.1 验收条件

性能测试满足要求:自动站主要仪器设备需提供性能测试报告。

各站点试运行无异常且高压电离室和NaI(Tl) γ谱仪辐射监测数据连续3个月的数据获取率达到99%,自动站设施和其他设备连续3个月无故障运行率不小于95%。

承建单位已完成现场自动站到货安装调试、数据系统调试、试运行和培训等各项工作。

提交的最终验收报告主要内容应至少包括:项目整体情况介绍,项目管理情况,项目人员情况,项目进度、执行和完成情况,项目质量控制、运行情况、故障情况和存在的问题及解决情况,运行维护方案等。

档案资料应齐全、完整、装订成册,归档文件应完整、成套、系统。

建设期间和到货验收时的问题已全部整改。

5.4.2.2　设备及系统硬件验收要求

仪器设备的功能是否满足招标文件要求。有线和无线通信、供电是否满足要求,是否具有完善、规范的接地装置和经第三方检测合格的避雷措施,是否具备防盗和防止人为破坏措施,以及是否具备抗震、防洪、防台、防止山体滑坡等固定措施。

对自动站仪器设备的技术指标进行性能检验,核查仪器设备的设计、安装、运行等是否满足要求,具体指标按照招标文件要求执行。

5.4.2.3　软件系统验收要求

核查站点数据采集、处理和通信功能是否满足要求。

核查省级/国家级数据汇总中心系统集成及功能是否满足要求。

软件系统功能应提供系统测试报告。

5.4.2.4　文档验收

提供完整的到货验收、安装调试、试运行等各阶段相关的所有文档,包括但不限于自动站试运行报告、站点本地软件测试报告、集成测试报告、系统测试报告、项目进度报告、自查报告、问题报告和解决报告、需求变更文件、培训报告、运行维护方案(包括自动站运行维护记录)等。

第6章　辐射环境自动监测系统关键设备的性能测试

在辐射监测设备民族产业日新月异发展的今天,国内尚未形成成熟的性能测试评估体系,不同设备制造商推出的产品性能缺乏统一的权威评估。各式各样的辐射监测设备,其技术水平、性能指标各具特点,而不同的工作需要对其性能的选择也往往有不同侧重。因此,需对不同制造商提供的产品性能指标进行公正、合理的测试,以评估其性能优劣,为实际工作中产品的选型提供依据。

为掌握国控辐射环境自动监测站仪器设备的性能现状,为仪器设备选型提供参考依据,保证自动站的有效运行和辐射环境监测网络数据的准确性、可靠性、稳定性,需吸收国内外监测、探测设备性能测试评估的成功经验,遵循公开、公平、公正、科学、自愿的原则开展自动站仪器设备性能测试评估工作,建立起设备制造商、监管部门、测试机构三方协作的体系,通过持续的性能测试和评估促进其不断改进产品质量,通过性能测试评估体系保证设备质量,为国内辐射监测体系的可靠运行提供保障和技术支持,防范核与辐射风险。

本章主要内容为自动站配置的监测、采样仪器设备性能测试工作开展情况,重点介绍了国内外相关情况、我国性能测试工作的组织以及有关测试技术要求,为相关性能测试提供参考。

6.1　国内外相关情况简介

6.1.1　国外相关情况简介

美国国土安全部(DHS)下设国家核探测办公室(Domestic Nuclear Detection Office,DNDO)实施了核与辐射探测器分级评估报告项目(Graduated Rad /Nuc Detector Evaluation and Reporting,GRaDER)。该项目旨在在美国国内为核与辐射探测器建立技术能力标准,并形成完善的测试评估体系。

设备制造商可以通过付费方式,通过美国国家标准与技术研究院(National Institute of Standards and Technology,NIST)的国家实验室自愿认可程序(National Voluntary Laboratory Accreditation Program,NVLAP)或其他得到DNDO接受的实验室对产品进行性能测试。

6.1.1.1　测试机构

国家实验室自愿认可程序(NVLAP)是美国官方根据联邦法典第 15 项 285 节的条款(CFR),授权由联邦商贸部所属美国国家标准技术研究院(NIST)管理的、负责测试与校准实验室认可工作的国家实验室认可机构。

GRaDER 项目中,设备制造商可以通过两种方式进行产品测试:在 NVLAP 认可的实验室机构或 DNDO 接受的实验室机构进行。DNDO 接受的实验室机构是指,那些在其得到 NVLAP 认可之前,已经向 NVLAP 提交了认可申请、就 DNDO 的要求做出了符合性自我声明(Self Declarationof Conformity,SDOC),并就 NIST 150 手册、NIST 150-23 手册、ISO/IEC 17025:2005 标准以及所申请认可提供测试服务的标准做出了符合性自我声明的实验室机构。

6.1.1.2　测试对象

GRaDER 项目所涉及的辐射探测设备,根据设备功能、使用场所和性能的不同,可分为七类:(1)个人辐射报警仪(PRDs);(2)巡测仪;(3)核素识别仪(RIDs);(4)通道式辐射监测系统;(5)通道式辐射监测系统(能谱型);(6)移动式辐射监测系统;(7)个人辐射报警仪(能谱型)(SPRDs)。

6.1.1.3　测试标准

GRaDER 项目采用美国国家标准局(AmericanNational Standards Institute,ANSI)/国际电气和电子工程师协会(Institute of Electrical and Electronic Engineers IEEE)N42 系列标准作为初始标准评估程序。ANS/IEEE N42 系列标准分别对每类设备的测试方法做出了规定。表 6-1 中列出了 GRaDER 项目中适用的 ANSI/IEEE N42 系列标准。

表 6-1　ANS/IEEE N42 系列标准

设备类型	测试标准
个人辐射报警仪(PRDs)	ANSI/IEEE N42. 32-2006 American National Standard Performance Criteria for Alarming Per-sonal Radiation Detectors for Homeland Security
巡测仪	ANSI/IEEF N42,33-2006 American National Standand for Portable Radiation Detection Instru-mentation for Homeland Security.
核素识别仪(RIDs)	ANSI/IEEE N42. 34-2006 American National Standard Perfomance Criteria for Hand-Held In-struments for the Detection and Identification of Radionuclides
通道式辐射监测系统	ANSI/IFEF N42,35-2006 American National Standand for Evaluation and Per-fomnce of Radia-tion Detection Portal Monitors for Use in Homeland Security
通道式辐射监测系统(能谱型)	ANSI/IEEE N42. 38-2006 American National Standand Perfomance Criteria for Spectroscopy-Based Portal Monitors Used for Homeland Security
移动式辐射监测系统	ANSI/IEEE N42,43-2006 American National Standard Performance Criteria for Mobile and Transportable Radiation Monitors Used for Homeland Security

表 6-1(续)

设备类型	测试标准
个人辐射报警仪(能谱型)(SPRDs)	ANSI/IEEE N42. 48-2008 American National Standard Performance Requirements for Spectro - scopic Personal Radiation Detectors (SPRDs) for Homeland Security

总体来说,ANSI /IEEE N42 标准中的测试内容分为四类:辐射性能测试、电磁兼容性能测试、环境适应性测试和机械性能测试。

6. 1. 1. 4 测试流程

测试流程由两个阶段组成:首先由 NVLAP 授权或 DNDO 认可的实验室机构采用 ANSI /IEEE N42 系列标准对设备进行测试并确认 DNDO 合规水平(compliance level),测试中优先强调辐射探测的性能指标,同时对设备的环境适应性和操作性能等进行测试。在第二阶段,将对政府特殊标准进行测试(将在未来制定)。

除此之外,DNDO 运行了产品监督项目,由 NIST 管理。在这一项目中对已通过 GRaDER 项目测试评估并投向市场的辐射监测设备进行后期测试评估,后期评估结果会影响其 GRaDER 项目测试评估结果的持续性。

所有测试均为自愿性质,由设备制造商出资。

针对每一项 ANSI /IEEE N42 标准,NVLAP 给出了测试标准流程,这些流程遵循 ANSI / IEEE N42. 42 国土安全中所用辐射探测器的数据格式标准、NIST-150 手册、NIST150-23 手册中的通用规定。流程中规定了测试的顺序:(1)检查通用要求列表中的选项;(2)进行辐射性能测试;(3)进行温湿度测试;(4)进行除静电放电(ESD)外的电磁兼容性能测试;(5)进行撞击与振动测试;(6)进行盐雾测试;(7)进行 ESD 测试;(8)进行坠落测试。

6. 1. 1. 5 测试报告

DNDO 根据第三方测试的结果对被测试设备与标准的符合性做出认证。认证依据采用标准、合规水平与规范相结合的方式。认证结果以 GRaDER 评估设备列表(GRaDER Evaluated Equipment List, GEEL)的方式发布。各设备制造商可以自愿选择将其测试结果收录入 GEEL 名录,该名录可用于为政府采购和提供资金支持提供参考。GEEL 名录可以通过密码保护的方式在 GRaDER 项目的国土安全信息网络(HSIN)和联邦紧急事务管理局(FEMA)的响应知识库(RKB)中获得。授权机构亦可获得测试评估报告的摘要。通过 GRaDER 项目可以向 DNDO 索要测试报告和 DNDO 评估报告。测试报告的发放需要与设备制造商协商并符合法律规定。

对每一类设备及其 ANSI /IEEE 系列标准,分别规定了其 1、2、3 级合规水平,见表 6-2,0 级合规水平通常用以描述设备未达到 1 级合规水平的情况。在较低级别的合规水平中,会对标准中的部分要求作相应修改。

表 6-2　4 级合规水平的划分

级别	描述
0 级	测试结果未获得或 DNDO 评估未完成;设备不满足 ANSI/IEEE 系列标准中 1、2、3 级的最低要求;设备配置自上次测试以来已发生变化;GRaDER 认证已期满;设备停产
1 级	设备部分符合 ANSI/IEEE 系列标准
2 级	设备完全符合 ANSI/IEEE 系列标准
3 级	设备满足 1 级和/或 2 级的评定标准,并满足政府特殊标准要求

第三方测试的实验室提供的测试结果需与 NIST 提供的评估测试协议格式兼容。NIST 提供的评估测试协议格式中要求测试报告包括如下内容:

(1)实验室仪器设备信息。指明利用不同设备进行的各项测试内容,列出所有设备的名称、型号及测试前上一次检定日期。

(2)测试设备信息。包括生产商、仪器型号、序列号、软件、硬件版本号及最近一次检定日期,列出每一项测试中使用的工作模式及参数设置、辅助设备。

(3)数据表格。NVLAP 的测试流程中给出了详细的数据记录表格,需要在测试报告中提交,此外,实际操作过程中任何与 ANSI 标准测试要求不同的差异也需要详细记录。

6.1.2　国内相关情况简介

6.1.2.1　中国环境监测总站

中国环境监测总站(以下简称总站)是生态部直属事业单位,是全国环境监测的技术中心、网络中心、数据中心、质控中心和培训中心,其下设质检室,负责各类环境监测仪器设备(或系统)适用性检测,承担环境监测仪器质量监督检验中心的技术和日常工作。

总站每年对不同监测仪器实行分批次检测试验,主要对水质在线监测仪器、烟气排放连续监测系统(continuous emission monitoring system, CEMS)、水质重金属在线监测仪、环境空气颗粒物(PM2.5)采样器等仪器进行适用性检测。

以烟气排放连续监测系统(CEMS)为例:

(1)测试目的和测试机构

环境保护部根据《污染源自动监控管理办法》(2005 年 09 月 19 日国家环保总局令 第 28 号)制定《烟气连续监测系统适用性检测管理规定》,其目的是为确保 CEMS 数据的质量,加强环境监测仪器的管理。

环境保护部环境监测仪器质量监督检验中心(以下简称质检中心)对进入环境监测网络用于环保执法的 CEMS 进行适用性检测和监督性检测,同时中国环境监测总站具体负责 CEMS 适用性检测的监督管理工作。总站定期向社会公布获得适用性检测合格的 CEMS 和生产企业。

(2)测试标准

适用性检测和监督性检测是判断 CEMS 性能是否符合环保法律法规和是否满足现实使

用情况的一系列程序和活动,依据《固定污染源烟气排放连续监测系统技术要求及检测方法》(试行,HJ/T 76—2007)进行。

适用性检测合格的有效期为三年,检测台套数为一台(套)。监督性检测在三年有效期内抽查检测,检测台套数为一台(套),按适用性检测复检进行。质检中心对获得适用性检测合格的 CEMS 进行质量跟踪和监督性检测,中国环境监测总站向社会公布抽查结果。

CEMS 生产企业申请适用性检测必须符合国家法律、法规和政策规定;申请适用性检测的 CEMS 必须符合国家标准、环保行业标准以及中华人民共和国环境保护部的规定,并保证所送检的仪器不与其他仪器厂商、科研院所等单位和个人有任何的知识产权纠纷;CEMS 生产企业应当具有完善的质量保证体系和售后服务措施。

(3)测试程序

CEMS 适用性检测按如下程序依次进行:提交资料、资料审查、现场勘查、签订合同、制定检测方案、初检、90 d 运行、复检、编制检测报告。

①提交资料。申请适用性检测的 CEMS 企业,应当向质检中心提交如下相关材料:企业法人营业执照、企业情况介绍、CEMS 介绍、CEMS 在全国的安装使用情况、检测报告、CEMS 运行质量保证和质量控制程序、CEMS 新技术产品应当提供国内外的安装使用情况。

②资料审查。根据提交的资料,主要审核企业生产经营 CEMS 是否合法以及 CEMS 的功能是否满足 HJ/T 76—2007 要求。

③现场勘查。在资料审查通过基础上,安排现场勘查。现场安装的 CEMS 应主要满足以下要求:CEMS 的功能和配置符合 HJ/T76—2007 要求以及与提交的资料一致性;CEMS 安装以及位置符合 HJ/T 76—2007 要求;烟气参数、颗粒物和气态污染物标准分析方法采样位置符合 GB/T 16157 的要求。

现场勘察后,质检中心根据现场勘察情况,给出现场勘察报告。CEMS 企业根据现场勘查报告,要么对现场整改,要么重新选择现场。

④签订合同。CEMS 现场符合 HJ/T 76—2007 要求基础上,据标准合同文本签订合同。

⑤检测方案。根据现场勘察的情况,制定检测方案

⑥初检。初检前应确保现场被检 CEMS 数据已传至质检中心;初检通常为 10 d,按 HJ/T 76—2007 中规定的初检指标进行;检测期间需要排污企业在污染物排放浓度的调整上给予配合。

⑦90 d 运行。运行期间,CEMS 数据应按规定传输至质检中心,以判断数据有效率。

⑧复检。通常为 3 d,按 HJ/T 76—2007 中规定的复检指标进行;检测期间需要排污企业在污染物排放浓度的调整上给予配合。

⑨检测报告。根据初检、90 d 运行和复检期间的数据,编制检测报告。

6.1.2.2 中国气象局

中国气象局直属单位中国气象局大气探测技术中心(以下简称探测中心),其职责之一为:承担气象仪器、设备的量值传递、计量检定、试验考核,以及气象综合观测仪器设备的运行保障和技术支持。

探测中心每年组织开展气象观测专用技术装备测试评估(以下简称“测试评估”)工作,

探测中心气象专用技术装备测试评估工作流程图(外部)如图 6-1 所示。

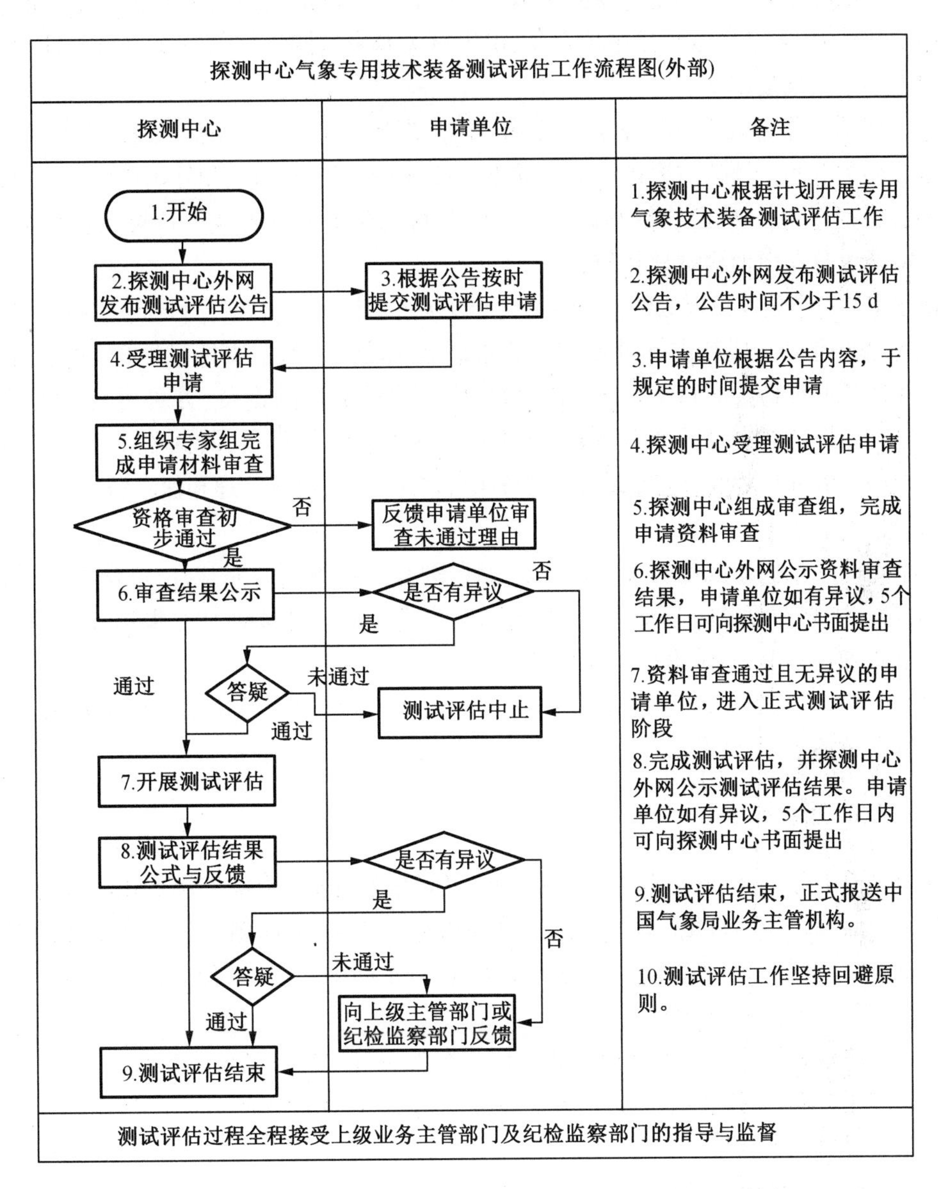

图 6-1　探测中心气象专用技术装备测试评估工作流程图(外部)

(1)测试目的及测试机构

为了规范气象观测专用技术装备测试评估工作,根据中国气象局《气象观测专用技术装备管理办法》和《气象观测专用技术装备定型工作暂行规定》,制定暂行办法。同时,为遴选满足气象观测业务和服务需求,针对不同仪器设备的使用和建设需求开展测试评估工作,其结果将为气象部门仪器设备采购及确定投标资格提供技术依据。

根据中国气象局授权,探测中心承担测试评估工作,负责测试评估工作的归口管理。

(2)测试程序

参照"探测中心气象专用技术装备测试评估工作流程图"。

(3)测试标准及测试内容

根据中国气象局发布的功能规格需求书,或国家相关标准,或行业相关标准,探测中心制定测试评估方案,征求被测试单位意见,组织有关专家对测试评估方案进行论证通过后,由探测中心正式批复实施。

测试评估工作包括测试评估公告发布、申请受理、资格审查、组织实施、结果审定及信息发布等环节。测试评估主要内容为实验室测试、环境适应性测试和外场检验评估等。

①实验室测试、环境适应性测试。应在气象行业认可或国家认证认可实验室进行,原则上由申请单位在申请测试评估前完成。

探测中心对申请单位提交的实验室测试和环境适应性测试报告进行核查并确认。如有必要,有权要求申请单位重新进行测试,或征得申请单位同意后,统一委托有关单位进行测试。

②外场检验评估。通过实验室测试和环境适应性测试的设备,方可进行外场检验评估。外场检验评估在选定的地点开展,原则上至少3套(台)设备,时间不少于3个月。探测中心组织开展外场检验评估的观测、设备运行情况记录、资料整理和保存备份等。

(4)测试报告

根据不同气象仪器设备的技术规格书及评估指标,从数据的完整性、准确性,仪器的稳定性、运行的可靠性等方面分别进行评估,同时也进行综合性能评估。根据评估结果对参加测试单位进行排序,并做出优劣性分析。

(5)考核期间探测中心考核组人员费用、场地和安装建设等费用由探测中心承担;参加测试单位人员差旅、参试设备等有关费用由厂方承担。

6.1.2.3 小结

国内已有部分国标、行标等对辐射监测设备的性能指标、检定方法做出了规定。这些标准为辐射监测设备的检定、测试提供了重要依据。然而,目前国内并没有成熟的对辐射监测设备进行测试、评估比较的第三方测试机构,对不同设备制造商的设备进行测试、评估和比较的工作开展得极为有限。

国外辐射监测机构和国内其他监测机构均有较完整的仪器设备测试评估程序,并且已经成功开展了数年,其主要目的基本都是为了规范监测、探测仪器设备的使用和为仪器设备采购工作提供技术指导。

各单位所使用的测试评估方案基本类似:

(1)均由国家主要职能部门牵头,由下属的监测机构实施管理,由经官方认证的第三方机构进行测试。

(2)所有测试单位均为自愿性质(如自行申请报名),仪器的测试及可能造成的损耗费用均由测试单位承担。

(3)美国国家核探测办公室和环境监测总站均采用周期性复检的方式对通过测试后的产品质量进行持续跟踪和控制。

我国可吸收国内外监测、探测设备性能测试评估的成功经验,建立起设备制造商、监管部门、测试机构三方协作的体系,通过持续的性能测试和评估促进其不断改进产品质量,通过性能测试评估体系保证设备质量,为国内辐射监测体系的可靠运行提供保障和技术支持,防范核与辐射风险。

6.2 性能测试的组织实施

性能测试的目的是为掌握国控辐射环境自动监测站(以下简称自动站)仪器设备的性能现状,为自动站仪器设备选型提供参考依据,保证自动站的有效运行和辐射环境监测网络数据的准确性、可靠性、稳定性。

6.2.1 测试工作的分工

自动站仪器设备性能测试评估工作相关单位分工协作,各司其职,遵循公开、公平、公正、科学、自愿的原则,共同保障测试活动的顺利实施。

行政机关可负责具体测试任务的下达,《测试方案》的审定,以及招标公司的确定等。

技术支持单位可负责编制《测试方案》,组织编制和审定《测试细则》,对参加测试单位提交的相关资料进行审核,支持配合现场测试工作,组织专家对性能测试结果进行评估,负责测试结果的汇总提交和管理归档工作,并承担性能测试机构、评估组、参加测试单位及设备使用单位之间的沟通和协调,测试现场的监督等。

采购代理机构可负责发布测试公告,接受测试报名,告知测试结果。

第三方性能测试机构负责编制《测试细则》,详细阐述性能测试的指标、测试内容和实施方法,负责现场测试工作的具体实施,负责测试报告的编写和相关资料的归档,编写评估报告。性能测试机构根据《测试细则》进行现场测试工作,现场测试时参加测试单位不在现场操作被测仪器和观摩,必要时,可选取两个测试机构独立开展测试工作。

专家组由技术支持单位负责组建,可由各省站、高校、科研机构等相关单位的专家组成,负责审核《测试细则》,在必要时提供技术支持。

参加测试单位自愿报名,提交被测仪器设备及操作手册,被测仪器设备上体现参加测试单位和制造商名称、电话、logo等信息的标识、标牌,应在提供仪器设备前由各参加测试单位进行牢固的遮盖或移除,操作手册中不应出现单位信息和标识。参加测试单位应遵照现有的国标/行标、采用成熟方法对被测仪器进行自检,所检项没有对应国标/行标或采用其他方法进行自检的,应给出测试方法和测试过程的详细说明,委托他人进行检定的应给出检定证书,条件受限无法进行自检的,注明原因。

可根据需要委托公证机构对仪器统一开箱确认和对测试结果确认环节进行现场公证。

6.2.2 公开、公平、公正保障措施和质量保证

(1)公开

可委托第三方采购代理机构(招标公司)负责在相关采购网上公开发布性能测试信息,

在公告中明确要进行统一组织的测试,测试结果将作为招标评分依据。

(2)公平

统一公告时间,统一仪器接收时间,测试方案和细则接受参加测试单位的质疑,测试机构严格按照测试细则开展统一测试,测试技术细则及质疑的答复需经专家评审。

(3)公正

参加测试的仪器要求去除标识,测试过程中测试机构与参加测试单位不直接见面,有问题时通过组织方进行沟通。分A、B两组测试机构独立开展测试,如果A、B组的测试结果不一致,由专家组对相关结果进行审核。仪器接收匿名编号环节及测试结果确认环节由公证机构现场公证。测试过程中由监督单位全程监督,全程录像。

(4)质量保证

测试结果经测试机构、监督单位的代表共同确认并签字后有效;性能测试机构的操作人员及与参加测试单位有关联人员原则上应回避进入评估组,评估组的每次专家会议必须有七名及以上专家与会;除需同时进行的测试外,按照不同单位的仪器不同时测的原则进行测试;测试结束后,各参加单位的测试仪器设备暂时封存,直至所有相关活动结束;对有异议的测试结果或《测试细则》中没有规定测试细则的测试项目或未描述详尽且存在疑义的项目,可由技术中心组织评估组成员一并进行测试,必要时组织专家论证;纪检监察部门全程参与,重点防控与企业接触的环节,倡导阳光接触。

6.3 性能指标的选择

高气压电离室、NaI谱仪作为辐射环境自动监测站的关键仪器设备,其性能的优劣将对自动站整体性能产生重大影响。目前,上述设备在市场上有多种型号可商售,其技术特点及性能水平各具特色。理论上,在设备选型上,当然是指标要求越高越好,但在实际工作中却很难评价某种型号的设备是“优”是“劣”,因为设备的单项固有性能指标相互牵制,往往因工作目的不同有所侧重,而与自动站连续监测需求不相匹配,因此选择既满足自动站连续监测的需要、又能保障设备综合性能在同类仪器中占优的指标体系,是自动站发展的迫切需要。

影响一种设备性能发挥的指标往往有好多个,一般将其分为两类:合格性指标和选优性指标。顾名思义,合格性指标是指合格设备均需满足的一般要求,而选优性指标则是“好”中选“优”的关键指标,在更大程度上反映了设备性能的“优”与“劣”。因此,在测试结果评价中对于选优性指标可赋予更大的权重。

根据自动站实时、连续、自动监测的需求,参考有关标准文件,并考虑具体测试工作的可操作性,以及实际测试时间和代价,综合选择各设备的测试指标。

高气压电离室性能测试主要参照以下标准及技术规范:

(1)JJG 521—2006 环境监测用X、γ辐射空气比释动能(吸收剂量)率监测仪。

(2)EJ/T 984—1995 环境监测用 X、γ 辐射测量仪 第一部分:剂量率仪型。

(3)GB/T 10263—2006 核辐射探测器环境条件与实验方法。

(4)GB/T 8993—1998 核仪器环境条件与实验方法。

(5)IEC 61017—2016:Portable, transportable or installed X or gamma radiation ratemeters for environment monitoring。

(6)GB/T 11684—2003 核仪器的电磁环境条件与试验方法。

NaI 谱仪性能测试主要参照以下标准及技术规范:

(1)GB/T 10263—2006 核辐射探测器环境条件与实验方法。

(2)GB/T 8993—1998 核仪器环境条件与实验方法。

(3)JJG 417—2006 γ 谱仪。

各设备测试指标见表 6-3 和表 6-4。

表 6-3　高气压电离室性能测试指标

类别	指标	说明
辐射特性	相对固有误差	选优性指标
	能量响应	
电特性	响应时间	
	指示涨落	合格性指标
	过载特性	
环境特性	环境温度	选优性指标
	高温高湿	
机械特性	振动	合格性指标

表 6-4　NaI 谱仪性能测试指标

类别	指标	说明
辐射特性	探测效率	选优性指标
	能量分辨率	
	能量范围和非线性	
	稳定性(道漂)	
	核素识别能力	
	核素报警识别灵敏度	
	高计数通过率特性	
	峰堆积效应	
环境特性	高低温性能影响	合格性指标
	高温高湿性能稳定性	
机械特性	振动	

表 6-4(续)

类别	指标	说明
γ 谱仪剂量特性	高剂量率响应	选优性指标
	固有误差	
	能量响应	

6.4 测试方法和结果

“十三五”期间,为确保国控辐射环境空气自动监测站建设质量,原环境保护部组织开展了自动站主要设备仪器的性能测试工作,委托两家测试机构对 5 种型号的高气压电离室和 5 种型号的 NaI 谱仪分别进行了性能测试,测试方法和结果介绍如下,供相关测试和设备选型工作参考。

6.4.1 高气压电离室

6.4.1.1 辐射特性

(1)相对固有误差

参照 JJG 521—2006《环境监测用 X、γ 辐射空气比释动能(吸收剂量)率仪》(7.3.1),使用^{137}Cs γ 辐射,从仪器的校准方向入射,在每个量级的50%附近(最低剂量率 0.5 μGy/h,最高剂量率 0.05 Gy/h)取 1 点,将高气压电离室设置成每 10 s 钟读取一次数据,连续读取 20 组数据,测定厂商仪器的环境监测 X、γ 辐射空气比释动能率相对固有误差,计算相对固有误差绝对值之和的平均值作为结果。A、B 两组平均值作为测试结果。

由图 6-2 可知,参加测试的五种型号 10 台设备各个量级的相对固有误差均未超过 15%,符合 JJG 521—2006 的要求。其中 B 型号的 2 台设备各量级的相对固有误差均未超过 1%,表现十分优异。

(2)能量响应

参照 JJG 521—2006《环境监测用 X、γ 辐射空气比释动能(吸收剂量)率仪》(7.3.2),使用 L100、L170 和 L240 的 X 参考辐射和^{241}Am(可用 60 keV 过滤 X 辐射代替)以及^{137}Cs 和^{60}Co γ 参考辐射进行能量响应测试,剂量率约 30 μGy/h。将高气压电离室设置成每 10 s 钟读取一次数据,连续读取 20 组数据。对于不同的辐射能量,原则上应使用相同的空气比释动能率。如果这一点无法做到,应利用相对固有误差的实验数据对各点空气比释动能率的差别进行修正。

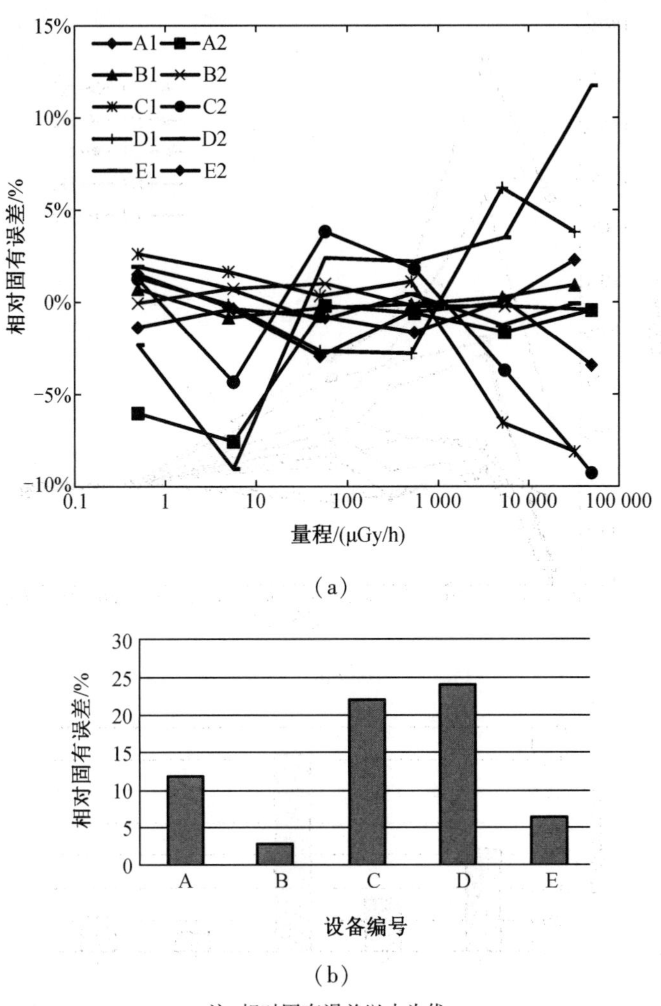

注：相对固有误差以小为优。

图 6-2　相对固有误差测试结果

高气压电离室能量响应系数按以下公式计算：

$$I = \sum_{i=1} |R_E - 1|$$

式中　I——高气压电离室能量响应系数；

R_E——相对能量响应值(以^{137}Cs 响应值归一)。

A、B 两组平均值作为测试结果。

测试结果(图 6-3)表明，D 型号的 2 台设备(D1、D2)和 B 型号的 1 台设备(B1)在不同能量下(59.5~1 250 keV)相对于^{137}Cs(662 keV)的能量响应指标均未超过 30%，符合 JJG 521—2006 的要求。E 型号的 2 台设备(E1、E2)和 B 型号的另一台设备(B2)在除在低能端 59.5 keV 处负偏移近 40%外，其余能量处的能量响应指标均符合要求。其余 4 台设备(A1、A 2、C1、C2)在 100 keV 附近存在较大的过响应。

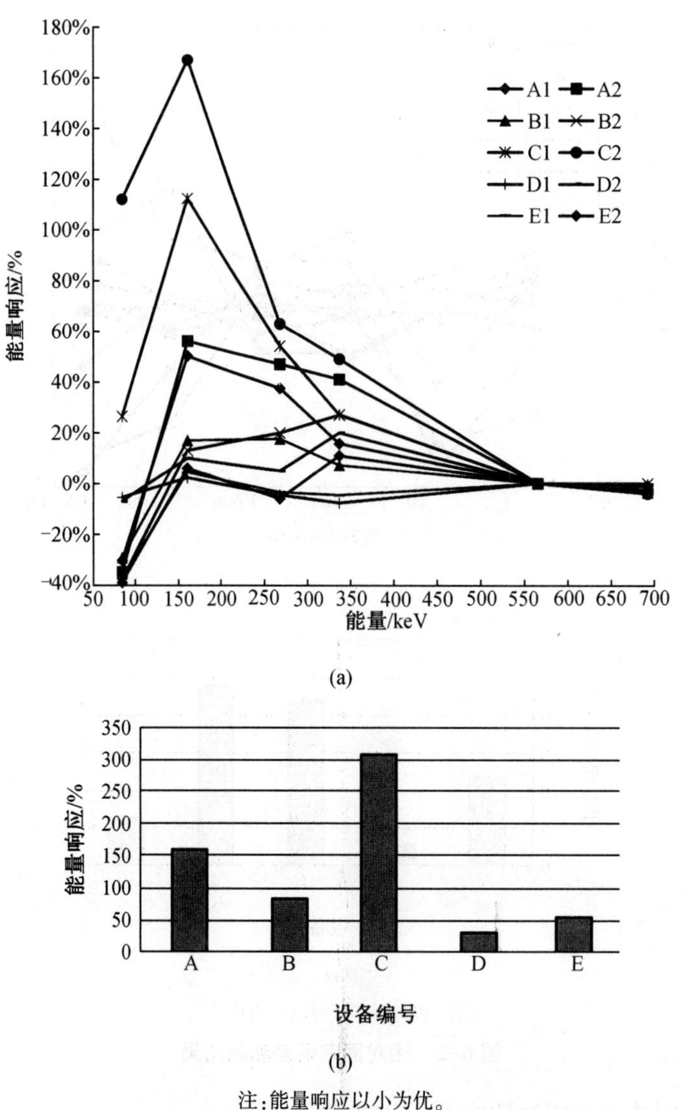

注:能量响应以小为优。

图 6-3　能量响应测试结果

6.4.1.2　电特性

(1)响应时间

参照 EJ/T984-1995《环境监测用 X、γ 辐射测量仪第一部分剂量率仪型》(5.3.2),每次测量时首先在本底下测量 10 min,然后开启放射源,剂量率约为本底的 10 倍,即 0.5 μGy/h~1 μGy/h,将高气压电离室统一设置成每秒钟读取一次数据,测量从本底剂量率上升到稳定显示值(测量结果平均值)的 90%以上所需的时间。关闭放射源,测量高气压电离室剂量率显示值下降到稳定显示值(测量结果平均值)的 10%以下所需的时间,每台高气压电离室测试三次。响应时间=(上升时间+下降时间)/2。A、B 两组平均值作为测试结果。

测试结果如图 6-4 所示。

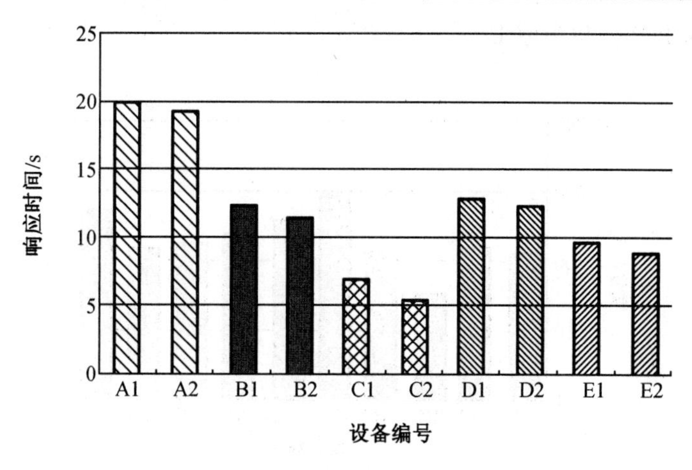

注：响应时间以小为优。

图 6-4　响应时间测试结果

（2）指示涨落

A、B 两组在天然环境本底条件下开展低辐射水平监测数据的离散性测试，将高气压电离室设置成每 10 s 读取一次数据，连续读取 20 组数据，计算数据的相对标准偏差。A、B 两组平均值作为测试结果。

测试结果如图 6-5 所示。

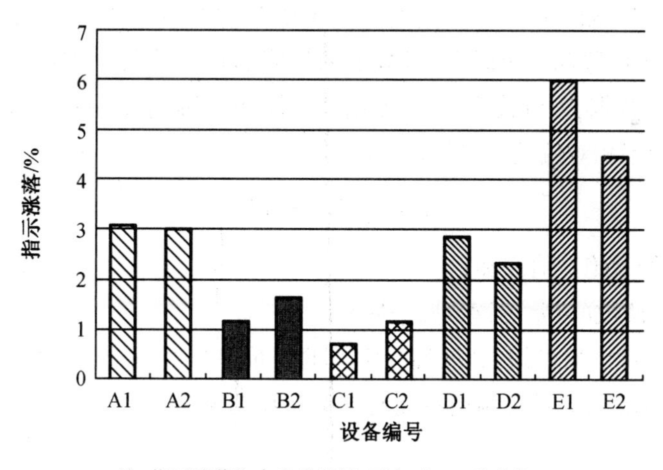

注：指示涨落为合格性指标，不大于 10%为合格。

图 6-5　指示涨落测试结果

（3）过载特性

参照 JJ G521—2006《环境监测用 X、γ 辐射空气比释动能（吸收剂量）率仪》（7.3.4），先记录仪器的本底读数，用仪器量程最大值 10 倍的空气比释动能率的参考 γ 辐射照射仪器，辐照时间为 5 min，在整个辐照期间仪器指示值应维持在该量程最高端的溢出位置，辐照结束后，在 30 min 内仪器的指示值应能恢复到与原先的本底空气比释动能率读数值偏差 20%的范围内，作为合格判定。

测试结果（图 6-6）表明，参测仪器恢复时间在 34～989 s 之间，所有仪器均符合

JJG 521—2006 过载特性相关要求。

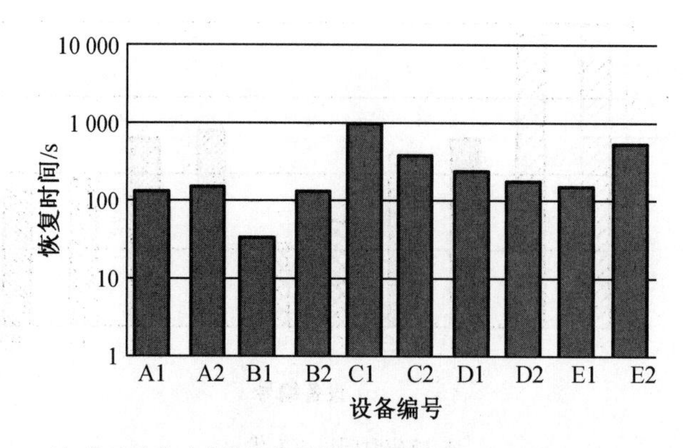

注:指示涨落为合格性指标,恢复时间不超过 30 min 为合格。

图 6-6　过载特性测试结果

6.4.1.3　环境特性

(1)环境温度

参考 GB/T 8993—1998 核仪器环境条件与试验方法附录 C,在人工气候箱中,将通电状态下的各仪器在-25 ℃±2 ℃、常温(约+20 ℃±2 ℃)、+55 ℃±2 ℃三种温度下各保持 4 h,在保持时间结束前 30 min,在一个合适的 γ 参考源照射仪器条件下(剂量率不小于本底水平的 3 倍,仪表及源位置都相对固定,以减少测量值的指示涨落),将高气压电离室设置成每 10 s 钟读取一次数据,连续读取 20 组数据,求得在该试验条件下的数据平均值。计算高低温与常温的剂量率相对偏差绝对值之和:

$$I = \sum_{i=1} |R_i - 1|$$

式中　I——相对偏差绝对值之和;

R_i——仪器读数(以常温读数归一后)。

由图 6-7 的测试结果可知,高低温与常温的剂量率相对偏差绝对值之和均小于 10%,符合 EJ/T 984—1995 关于环境温度变化时的测量值与标准试验条件下的测量值之差不超过 50%的要求。

(2)高温高湿

高温高湿(55 ℃±2 ℃,93^{+2}_{-3}%相对湿度)条件下,恒温 4 h 后,15 d 内每天测量 1 次固定处的^{137}Cs点源的剂量率,将高气压电离室设置成每 10 s 读取一次数据,连续读取 20 组数据并取其平均值;求取 15 d 数据的相对标准偏差。

以上测试方法较 EJ/T 984—1995 和 GBT 8993—1998 中的温湿度(30~40 ℃,75%~93%相对湿度)和时长(24~96 h)要求更为严苛。由于测试条件限制,本项测试仅在一家测试机构开展。测试结果表明,除了设备 D 未能完成此项测试外,其余设备均符合 EJ/T 984—1995 相关要求(标准偏差不超过 30%)。

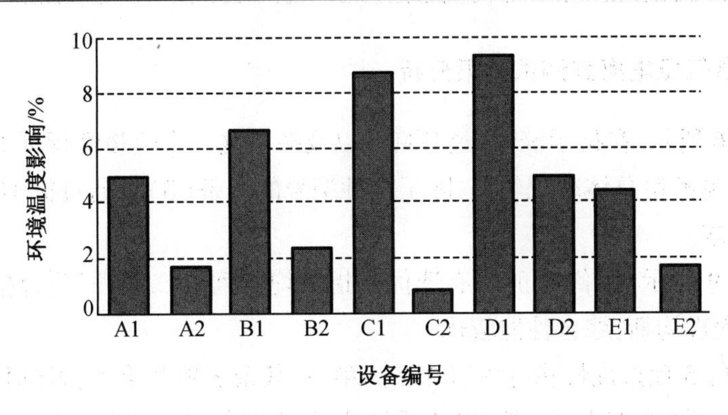

注：环境温度以小为优。

图 6-7　环境温度影响测试结果

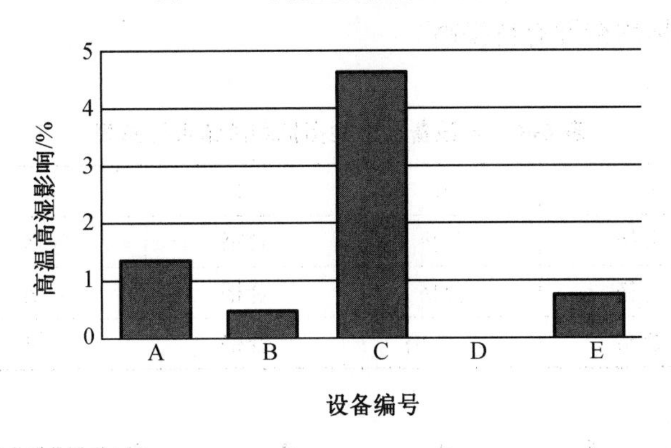

注：1. 设备 D 未能完成此项测试；2. 高温高湿以小为优。

图 6-8　高温高湿测试结果

6.4.1.4　机械特性：振动

参照 GB/T 8993—1998《核仪器环境条件与试验方法》附录 E，试验样品在非工作状态下随振动作用，并在经受试验后需正常工作。除有关标准另有规定外，试验样品（包装条件下）应在三个互相垂直的轴线上依次振动（振幅 7.5 mm，频率 8 Hz，每维测试时间为 30 min）。振动前将高气压电离室充分预热后测量环境本底剂量率，将高气压电离室设置成每 10 s 读取一次数据，连续读取 20 组数据，求得在该试验条件下的数据平均值作为震动前本底剂量率测量结果，同样方法获得振动后高气压电离室本底剂量率的测量结果，振动前后高气压电离室本底测量值的相对偏差的绝对值不大于 20%。按照振动后仪器是否正常工作进行评定。

测试结果（表 6-5）表明，除了设备 B 未能完成此项测试外，其余设备均符合要求。

表 6-5　振动测试结果

设备编号	A	B	C	D	E
振动	合格	不合格	合格	合格	合格

注：1. 设备 B 未能完成此项测试；2. 振动为合格性指标。

6.4.1.5 高气压电离室测试结果分析

(1)如表 6-6 所示,在指示涨落、过载特性以及振动这三个合格性指标上,参加测试的 5 种型号的高气压电离室总体表现较好,除了 1 种型号的设备(B)未通过振动测试外,其余测试结果均符合要求。

(2)如图 6-9 所示,设备 E 的所有选优性指标均位列前二,且三项合格性指标也均合格,各指标整体表现均衡,综合性能较优。

(3)设备 B 的 5 项选优性指标中有 2 项为第一,其余 3 项为第三,各选优性指标综合表现较好,但其有 1 项合格性指标(振动)未通过测试,各指标的整体均衡性有待进一步完善。

(4)其余的三种设备(A、C、D)情况较为类似,合格性指标均合格,但大部分选优性指标表现相对靠后,各指标均衡性有待提高。

表 6-6 各设备合格性指标测试结果汇总表

设备编号	A	B	C	D	E
指示涨落	合格	合格	合格	合格	合格
过载特性	合格	合格	合格	合格	合格
振动	合格	不合格	合格	合格	合格

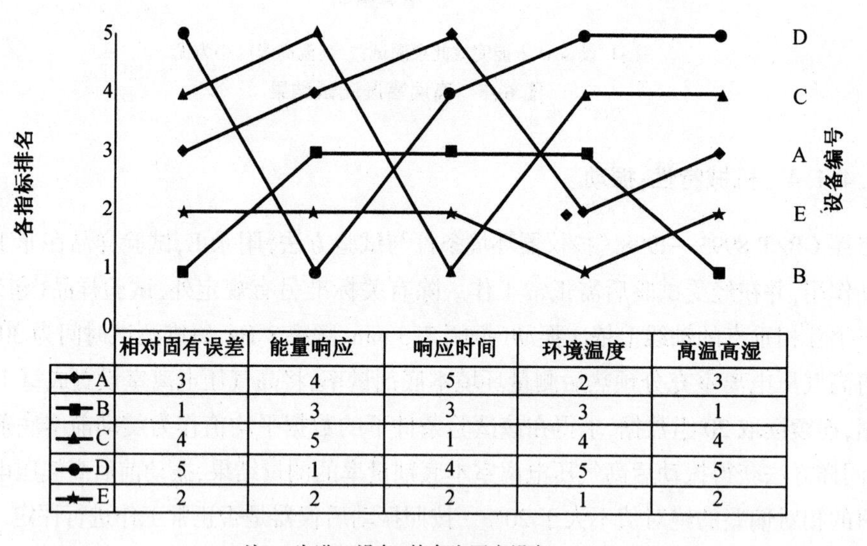

	相对固有误差	能量响应	响应时间	环境温度	高温高湿
A	3	4	5	2	3
B	1	3	3	3	1
C	4	5	1	4	4
D	5	1	4	5	5
E	2	2	2	1	2

注:A 为进口设备,其余为国产设备。

图 6-9 各设备选优性指标相对排名

6.4.2　NaI 谱仪

6.4.2.1　辐射特性

(1)探测效率

将^{137}Cs点源放在探测器轴线上距离探测器灵敏体积中心 25 cm 处,全谱计数率 1 000~1 500/s,照射足够时间,直至 662 keV 的全能峰净面积有足够的计数(10 000~12 000),记录谱仪全能峰净面积,按照以下公式计算探测效率。

$$\varepsilon_p = \frac{C_p}{A\eta t} \times 100\%$$

式中　ε_p——探测效率;

C_p——全能峰净面积;

A——放射源活度;

η——发射概率;

t——测量时间。

测试结果如图 6-10 所示。

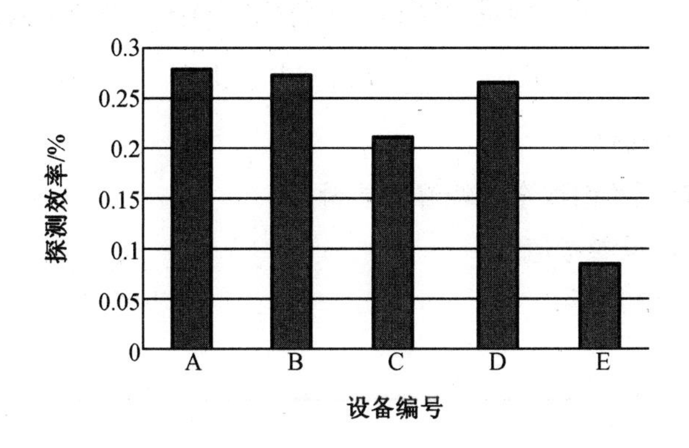

注:探测效率以大为优。

图 6-10　探测效率测试结果

(2)能量分辨率

能量分辨率被定义为 FWHM(以 keV 为单位)除以 γ 射线能量,乘以 100%。参照 JJG 417—2006《γ 谱仪检定规程》(7.1.2.2),选合适的位置测量^{137}Cs点源,全谱计数率 1 000~1 500/s、全能峰净面积计数在 10 000~12 000 之间。计算 662 keV 全能峰的半高宽(FWHM)除以 662 keV,按照以下公式计算能量分辨率。

$$R = \frac{\text{FWHM}}{E_p} \times 100\%$$

式中　R——能量分辨率;

FWHM——全能峰净面积的半高宽;

E_p——^{137}Cs γ 射线的全能峰能量。

测试结果如图 6-11 所示。

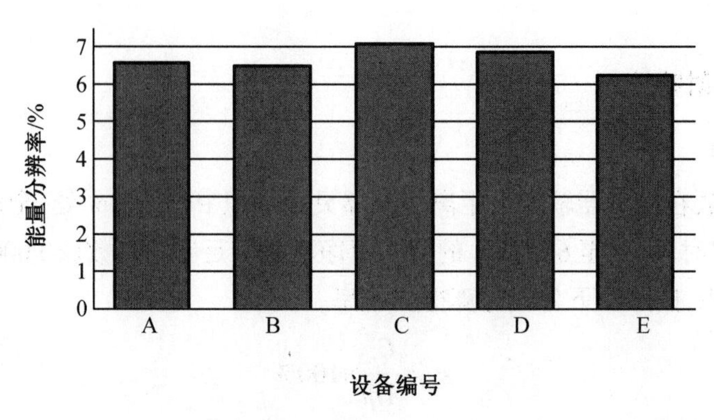

注：能量分辨率以小为优。

图 6-11　能量分辨率测试结果

(3)能量非线性

分别利用^{241}Am(60 keV)、^{137}Cs(662 keV)、^{60}Co(1 173 keV,1 333 keV)、^{40}K(1 460 keV)和^{232}Th(2.62 MeV)源进行能量范围和非线性的测试。上述能量点的示值和实际值的偏差绝对值之和作为非线性指标。选合适的位置测量点源,按照环境连续监测模式(5 min)获取谱数据,在测试过程中不许进行能量刻度和人工稳峰等操作。按照下式计算能量非线性。

$$\delta_{\text{linear}} = \sum_i |E_{\text{det}} - E_r|_i, \text{keV}$$

式中　δ_{linear}——能量非线性;

E_{det}——测量得到的谱线全能峰峰位能量;

E_{r}——谱线的能量参考值。

测试结果如图 6-12 所示。

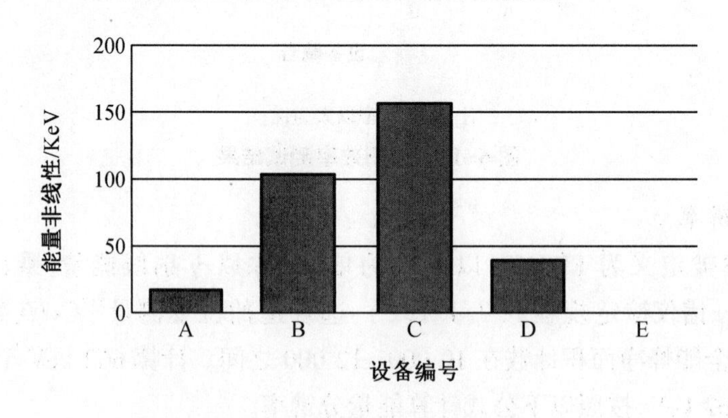

注:1. 仪器 E 未能完成此项测试。2. 能量非线性以小为优。

图 6-12　能量非线性测试结果

(4)稳定性(道漂)

参照 JJG 417—2006《γ谱仪检定规程》(7.1.2.4),选合适的位置测量^{137}Cs 点源,使全谱计数率小于 1 500 s^{-1}、全能峰净面积计数为 10 000~12 000,计算 662 keV 全能峰的峰位。

室温条件下，在8 h内，在不同时刻重复测量^{137}Cs点源的γ谱，每次测量位置，测量环境和测量时间相同，在测试过程中不许进行能量刻度和人工稳峰等操作。每次时间间隔为1 h，计算每次测得的662 keV全能峰的峰位，取峰位漂移绝对值计算峰位相对漂移。以峰位相对漂移绝对值之和作为短期稳定性指标，按照下式计算稳定性。

$$S_t = \frac{\sum_i |E_i - E_0|}{E_0} \times 100\%$$

式中 S_t——稳定性；

E_i——第i次测量时得到的^{137}Cs的全能峰峰位能量；

E_0——最初测量时得到的^{137}Cs的全能峰峰位能量。

测试结果如图6-13所示。

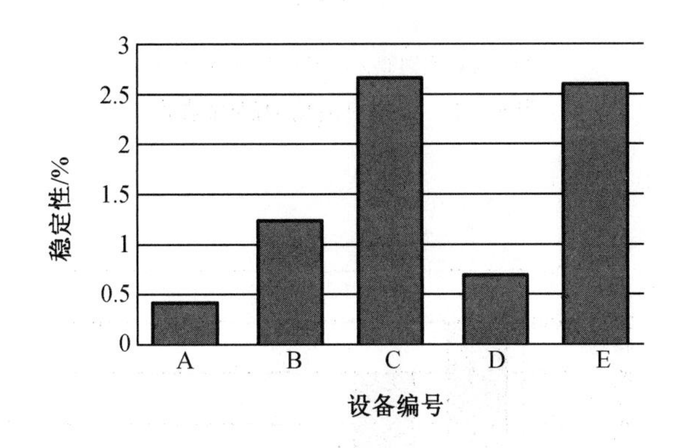

注：稳定性以小为优。

图6-13 稳定性测试结果

(5)核素识别能力

从识别核素库中选取4种放射性核素的点源，将放射性点源同时放置在γ谱仪探测器的入射窗顶端表面，按照环境连续监测模式(5 min)获取谱数据；γ谱仪系统自动显示的放射性核素与上述放射性点源的核素是否一致；参加此项测试的仪器应具有相同的核素库。综合识别情况为识别到的核素数量与误识别核素之差(误识别核素不包括^{40}K、^{232}Th两种天然核素及所要求核素库外的核素)。

核素库应至少包括以下种类：^{214}Am，^{133}Ba，^{40}K，^{137}Cs，^{57}Co，^{232}Th，^{60}Co，^{54}Mn，^{226}Ra，^{134}Cs，^{131}I，^{238}U，^{152}Eu，^{109}Cd，^{89}Sr。

测试结果如图6-14所示。

(6)核素报警识别灵敏度

从识别核素库中选取4种放射性核素的点源，同时安置在可移动小车上，将放射性点源距γ谱仪探测器由近至远步进移动，例如：10 cm、30 cm、50 cm、70 cm、1 m、1.3 m、1.5 m、1.7 m和2 m。在每段距离处，按照环境连续监测模式(5 min)获取谱数据；γ谱仪系统应自动报警提示已测量放射性核素，并在屏幕上自动显示已测量到的放射性核素。按照放射性点源距γ谱仪探测器的距离及同距离处报警的核素数量作为指标。将能够同时识别4个核素的距离作为识别距离,误识别核素(误识别核素不包括^{40}K、^{232}Th两种天然核素及所要求核素库外的核素)指标作为减分项,识别距离乘以识别核素数量与误识别核素之差作为综合指标。

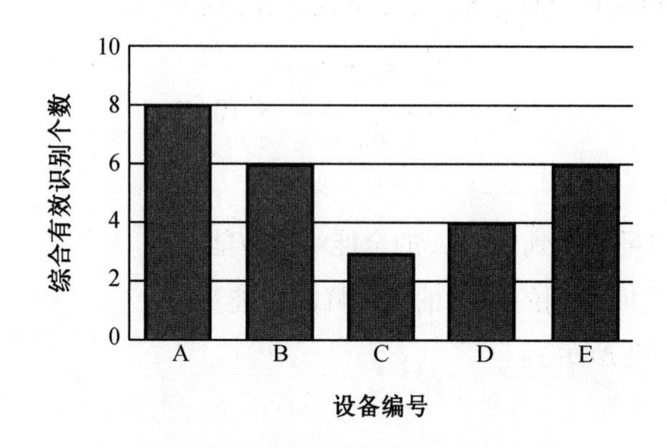

注:核素识别能力(个数)以大为优。

图 6-14　核素识别能力测试结果

测试结果如图 6-15 所示。

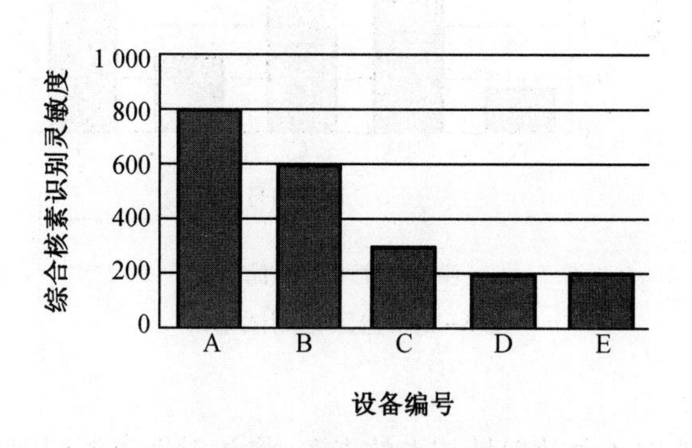

注:核素识别报警灵敏度以大为优。

图 6-15　核素报警识别灵敏度测试结果

(7)高计数通过率特性

使用^{137}Cs在空气比释动能率约 10 μGy/h、20 μGy/h、50 μGy/h、100 μGy/h、200 μGy/h、500 μGy/h 和 1 mGy/h 的条件下照射仪器,按照环境连续监测模式(5 min)获取谱数据。存储每个点的集成能谱和数据,包括能量分辨率、真实时间和活时间,并确认系统正确鉴别出了^{137}Cs。在^{137}Cs参考辐射场内能够识别出来^{137}Cs的最大剂量率水平结果作为此项测试结果。

测试结果如图 6-16 所示。

(8)峰堆积效应

定义两个感兴趣区(ROI),ROI_1 应覆盖 600~720 keV,ROI_2 应覆盖第一顺序堆积峰,并且宽为 200 keV(1 210~1 410 keV)。应当检查 ROI_2 是否覆盖了第一顺序堆积峰。测试使用^{137}Cs在 100 μGy/h(±20%)空气比释动能率参考点下进行。计算每个 ROI 处的计数之间的比率:

$$\frac{计数\ sinROI_2}{计数\ sinROI_1} \times 100\%$$

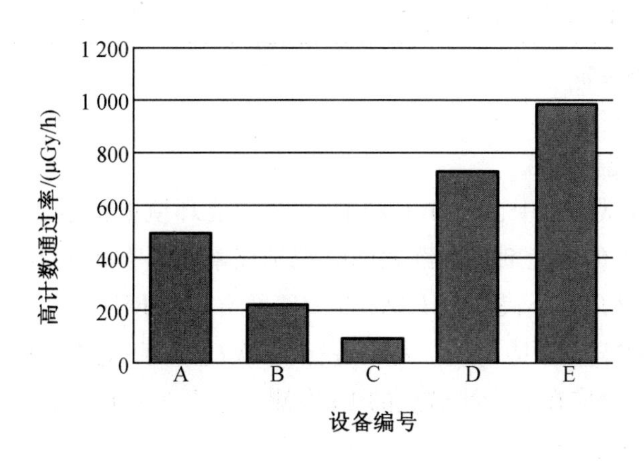

注：高计数通过率特性以大为优。

图 6-16　高计数通过率特性测试结果

测试结果如图 6-17 所示。

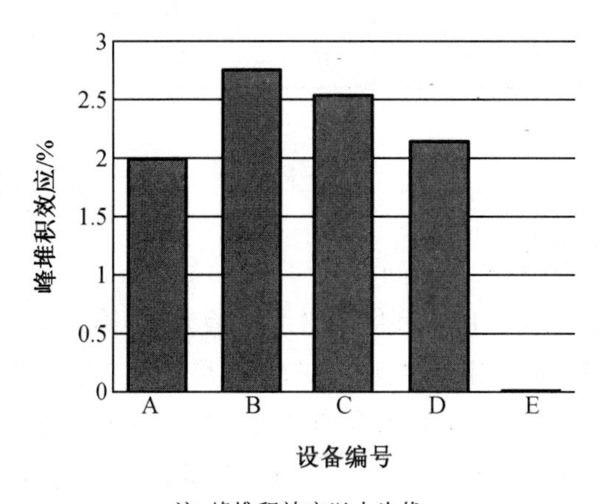

注：峰堆积效应以小为优。

图 6-17　峰堆积效应测试结果

6.4.2.2　环境特性

（1）高低温性能影响

仪器应在-25～55 ℃条件下正常工作。将仪器放在环境试验箱中，温度稳定在 20 ℃，连接电源，将 ^{137}Cs 源放置在特定位置，同时鉴别核素。然后将温度调整至温度极值点（-25 ℃和 55 ℃），保持至少 4 h 后进行测试。温度变化率不应大于 10 ℃/h。在每个极值温度连续做 10 次（按照环境连续监测模式 5 min）核素识别，仪器应至少正确识别出 9 次。

测试结果见表 6-7。

表 6-7　高低温性能影响测试结果

设备编号	A	B	C	D	E
高低温性能影响(至少识别 9 次)	是	否	是	是	否

注:高低温性能为合格性指标。

(2)高温高湿性能稳定性

将仪器放在环境试验箱中,在 20 ℃和 RH40%湿度环境下稳定 2 h。将^{137}Cs 源放置在特定位置,在记录足够的环境剂量率读数同时识别核素。以不高于 10 ℃/h 的速度将温度增加至 55 ℃±2 ℃,然后以不高于 RH10%/h 的速度增加至 RH(93^{+2}_{-3})%。温度和湿度应在 55 ℃±2 ℃和 RH(93^{+2}_{-3})%保持 15 d。每天进行 10 次(按照环境连续监测模式 5 min)放射性核素识别测试。仪器应在每个测试点的 10 次测试中至少正确识别出 9 次。测量过程中恒温恒湿箱中配备^{40}K 放射源。

测试结果见表 6-8。

表 6-8　高温高湿性能稳定性测试结果

设备编号	A	B	C	D	E
高温高湿性能稳定性(识别率)/%	达标	达标	达标	达标	达标

注:高温高湿性能稳定性为合格性指标。

6.4.2.3　机械特性:振动

参照 GB/T 8993—1998《核仪器环境条件与试验方法》附录 E,试验样品在非工作状态(出厂标准包装下)下随振动作用,并在经受试验后需正常工作。除有关标准另有规定外,试验样品(包装条件下)应在三个互相垂直的轴线上依次振动(振幅 7.5 mm,频率 8 Hz,每维测试时间为 30 min)。按振动后仪器是否正常工作评定合格与否。

测试结果见表 6-9。

表 6-9　振动性测试结果

设备编号	A	B	C	D	E
振动(振动后是否正常工作)	是	是	是	是	是

注:振动为合格性指标。

6.4.2.4　剂量特性

(1)高剂量率响应特性

用^{137}Cs γ 辐射源准直辐射束按照校准方向照射剂量仪探测器,检验点的射束截面积必须要大于探测器并将探测器全部覆盖。检验点的剂量率必须覆盖仪器较高的测量范围。

样机试验必须对空气比释动能率约为 50 μGy/h、100 μGy/h、200 μGy/h、500 μGy/h、1 mGy/h 的测试点进行检验。按照以下公式进行计算：

$$I=\frac{H_i-H_t}{H_t}\times 100\%$$

式中　I——相对固有误差；

H_i——扣除本底后的剂量(当量)率测量值；

H_t——剂量(当量)率约定值。

使用相对固有误差绝对值之和作为评价指标。

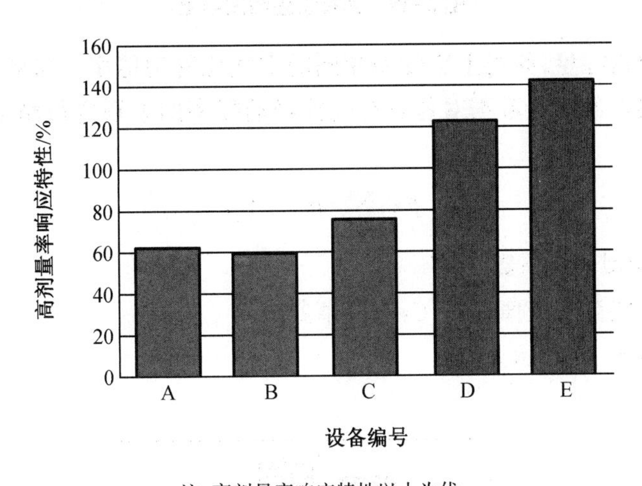

注：高剂量率响应特性以小为优。

图 6-18　高剂量率响应特性测试结果

(2)固有误差

参照 JJG 521—2006《环境监测用 X、γ 辐射空气比释动能(吸收剂量)率仪》(7.3.1)，采用 ^{137}Cs 在空气比释动能率约为 0.5 μGy/h、5 μGy/h、10 μGy/h、50 μGy/h、100 μGy/h 点处进行测试，计算相对固有误差。按照以下公式进行计算：

$$I=\frac{H_i-H_t}{H_t}\times 100\%$$

式中　I——相对固有误差；

H_i——扣除本底后的剂量(当量)率测量值；

H_t——剂量(当量)率约定值。

使用相对固有误差绝对值之和作为评价指标。

测试结果如图 6-19 所示。

(3)能量响应

参照 JJG 521—2006《环境监测用 X、γ 辐射空气比释动能(吸收剂量)率仪》(7.3.2)，使用 ^{241}Am(可用 60 keV 过滤 X 辐射代替)、^{137}Cs 和 ^{60}Coγ 参考辐射进行能量响应测试，参考点处剂量率约为 30 μGy/h，将仪器设置成环境连续监测模式 5 min 获取数据。

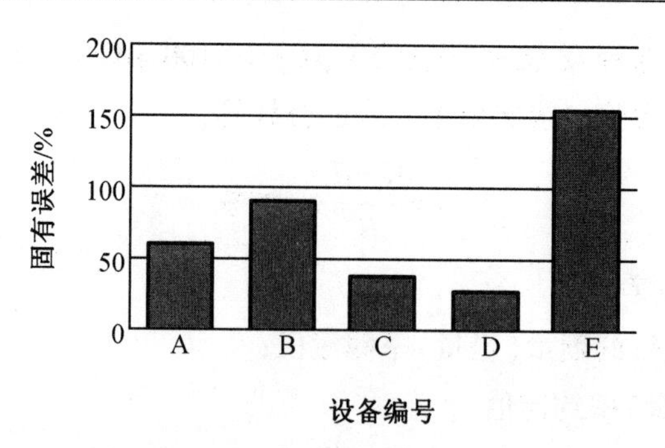

注：固有误差以小为优。

图 6-19　固有误差测试结果

对于不同的辐射能量，原则上应使用相同的空气比释动能率。如果这一点无法做到，应利用相对固有误差的实验数据对各点空气比释动能率的差别进行修正。按照以下公式进行计算。

$$I = \sum_{i=1} |R_E - 1|$$

式中　I——仪器能量响应系数；

R_E——相对能量响应值（以 ^{137}Cs 响应值归一）。

测试结果如图 6-20 所示。

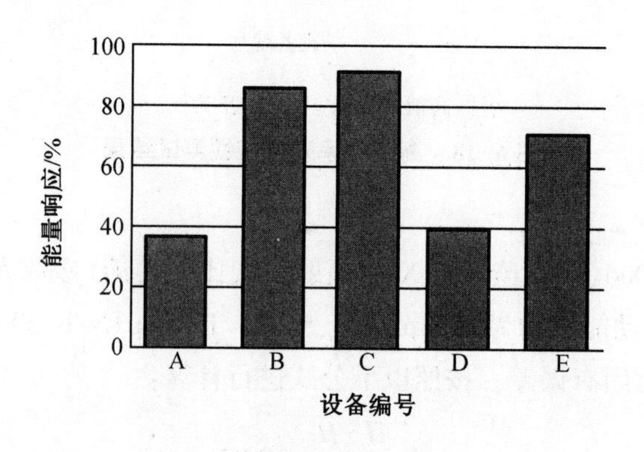

注：能量响应以小为优。

图 6-20　能量响应测试结果

6.4.3.5　NaI 谱仪测试结果分析

（1）如表 6-10 所示，在高低温性能影响、高温高湿性能稳定性以及振动这三个合格性指标上，参加测试的 5 种型号的 NaI 谱仪总体表现较好，除了 2 种型号的设备（B 和 E）未通过高低温性能影响测试外，其余测试结果均符合要求。这三个指标均为环境特性指标，测试结果表明各类型设备总体上具有较好的环境适应性，可基本适应自动站野外现场测量中复杂多变的自然环境条件要求。

（2）如图 6-21 所示，设备 A 的各指标整体较为均衡，所有选优性指标均位列前三，其中 6 项指标位列第一，在核素识别能力、稳定性等关键指标上表现优异，且三项合格性指标也均合格,综合性能较优。

(3)设备 C 的选优性指标除 1 项外均位列后三位,其中 5 项指标位列末位,特别是在核素识别能力、稳定性等关键指标上表现都不理想,综合性能较差。

(4)设备 E 虽然在能量分辨率、高计数通过率特性和峰堆积效应 3 项指标上均位列第一,但同时有 4 项指标位列最后,此外高低温性能影响这 1 项合格性指标也未通过测试,因此其各指标均衡性有待进一步提高。

(5)设备 B 和 D 各指标较为均衡,总体表现良好,但考虑到设备 B 的高低温性能影响这 1 项合格性指标未通过测试,因此两者之间 D 设备略胜一筹。

表 6-10　各设备合格性指标测试结果汇总表

设备编号	A	B	C	D	E
高低温性能影响	合格	不合格	合格	合格	不合格
高温高湿性能稳定性	合格	合格	合格	合格	合格
振动	合格	合格	合格	合格	合格

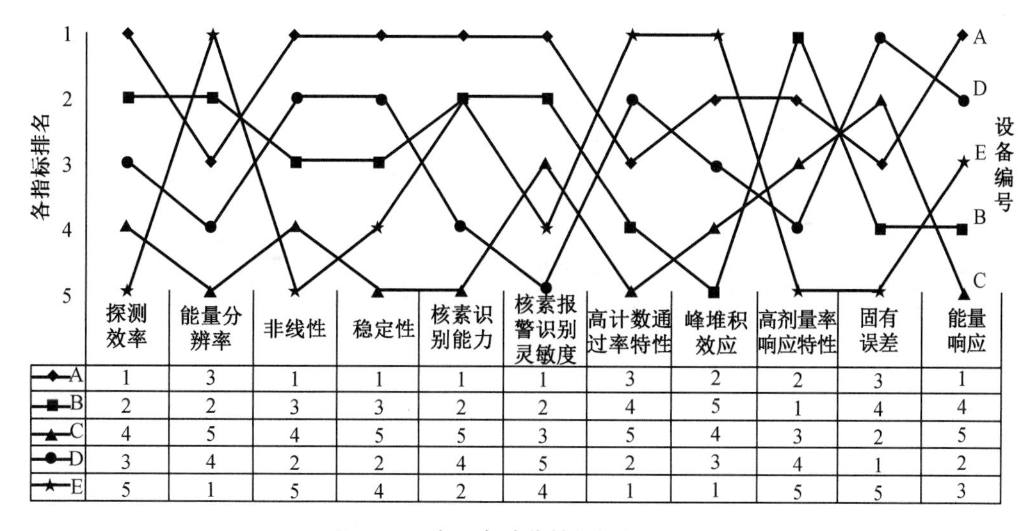

	探测效率	能量分辨率	非线性	稳定性	核素识别能力	核素报警识别灵敏度	高计数通过率特性	峰堆积效应	高剂量率响应特性	固有误差	能量响应
A	1	3	1	1	1	1	3	2	2	3	1
B	2	2	3	3	2	2	4	5	1	4	4
C	4	5	4	5	5	3	5	4	3	2	5
D	3	4	2	2	4	5	2	3	4	1	2
E	5	1	5	4	2	4	1	1	5	5	3

图 6-21　各设备选优性指标相对排名

6.5　展　　望

性能测试是设备批量招标采购活动的一个环节,参加测试的设备一般是由厂商在同型号设备中优选出来的,因此测试结果可能会略优于同型号设备平均水平。

受制于时间、成本、实验条件等因素,性能测试期间通常仅能测试短期稳定性,长期稳定性有待在实际工作中进一步考验。

国家环境保护标准《辐射环境空气自动监测站运行技术规范》(HJ 1009—2019)要求在自动站运行期间每3~5年对监测设备的主要性能进行复测。剂量率监测仪主要性能至少包括能量响应、剂量率线性、响应时间和过载特性等。γ能谱仪主要性能至少包括能量分辨率、能量响应和稳定性等。此外,当对仪器进行可能影响其性能的维护维修后,仪器须重新检定,同时对其主要性能进行测试。因此,有必要制定相关性能测试技术规范,落实性能复测要求,保障监测设备主要性能的有效性。

参考文献

[1] 杨维耿,赵顺平,杨坤,等.环境辐射连续测量用高压电离室性能参数指标的研究[J].核电子学与探测技术, 2012(07):856-859.

[2] 薛会,杨维耿,刘鸿诗,等.美国辐射监测设备性能测试评估体系简介[J].核电子学与探测技术, 2014, 34(11):1306-1310.

[3] 韦应靖,孟艳俊,柯海鹏,等.国内常见的用于辐射防护监测的γ辐射监测仪性能评价[J].辐射防护, 2014(3):162-167.

[4] 郭思明,黄建微,杨扬.用于环境辐射监测的高气压电离室性能研究[J].计量学报, 2020, 041(0z1):172-176.

第7章　辐射环境自动监测系统的监测

7.1　辐射环境空气质量监测目的

积累辐射环境空气质量历史监测数据,获取区域内辐射背景;掌握区域辐射环境空气质量状况和变化趋势;判断环境中放射性污染及其来源;报告辐射环境空气质量状况。

持续开展定时、定点的辐射环境空气质量监测,掌握区域内辐射背景连续数据,能够准确、及时、全面客观地反映辐射环境空气质量现状。监测计划应保持连续,以反映环境辐射空气质量的变化趋势。辐射环境空气质量监测是与人相关的环境监测,要关注公众的环境信息需求。环境空气质量监测的监测范围较大,可大至覆盖整个国家领土,或是某个地方的行政辖区范围,环境辐射空气质量监测一般由政府主导实施。

7.2　监测内容

辐射环境空气质量自动监测系统典型监测方案参考表7-1。

表7-1　辐射环境空气质量自动监测系统监测方案

监测对象	监测项目	监测频次
陆地γ辐射和宇宙射线	γ辐射空气吸收剂量率	连续监测
	γ能谱测量	连续监测
	宇宙射线响应	1次/年
空气中碘	^{131}I	1次/季
气溶胶	γ能谱分析[1)]、^{210}Po、^{210}Pb	1次/季
	^{90}Sr、^{137}Cs[2)]	1次/年 (1季采集1次,累积全年测量)

表 7-1(续)

监测对象	监测项目	监测频次
沉降物	γ 能谱分析①	1 次/季
	^{90}Sr、^{137}Cs②	1 次/年 (1 季采集 1 次,累积全年测量 干湿沉降物应分开采集)
降水(雨、雪、雹)	^{3}H	累积样/季
氚	氚化水蒸气(HTO)	1 次/年

注:①气溶胶和沉降物 γ 能谱分析项目一般包括但不限于^{7}Be、^{234}Th、^{228}Ra、^{226}Ra、^{40}K、^{137}Cs、^{134}Cs、^{131}I 等放射性核素;②^{137}Cs 应采用放化分析方法进行测量分析。

(1)陆地 γ 辐射

陆地 γ 辐射监测有连续 γ 辐射空气吸收剂量率监测和累积 γ 辐射剂量监测。

连续 γ 辐射空气吸收剂量率监测通常在某一重点区域具有代表性的环境点位,侧重人口聚集地,如城市环境,设置自动监测站,实施 24 h 的不间断连续 γ 剂量率监测。

(2)^{131}I

用复合取样器收集的空气微粒碘、无机碘和有机碘。

(3)气溶胶

主要是监测悬浮在空气中微粒态固体或液体中的放射性核素浓度,通常与沉降物共点设置。

(4)沉降物

主要是监测空气中自然降落于地面上的尘埃、降水(雨、雪)中的放射性含量,监测频次为每次降水或累积一定时期(季度)监测一次。

(5)氚

主要是监测空气中氚化水蒸气中氚的浓度,通常选在气溶胶同点开展监测。监测频次为每季度一次,也可每半年或每年一次。

7.3　监测分析方法

辐射环境空气质量监测项目与推荐方法见表 7-2。

表 7-2　辐射环境空气质量监测项目与推荐方法

介质	监测项目	标准号	标准
空气	γ 剂量率	HJ 1157—2021	环境 γ 剂量率测量技术规范
	连续 γ 剂量率	GB/T 14583	环境地表 γ 辐射剂量率测定规范
	气溶胶总 α、β	EJ/T 1075	水中总 α 放射性浓度的测定 厚源法(参考)
		EJ/T 900	水中总 β 放射性测定 蒸发法(参考)
	沉降物总 α、β	EJ/T 1075	水中总 α 放射性浓度的测定 厚源法
		EJ/T 900	水中总 β 放射性测定 蒸发法(参考)
	气溶胶 γ 核素	WS/T 184	空气放射性核素的 γ 能谱分析方法
	沉降物 γ 核素	GB/T 11713	高纯锗 γ 能谱谱仪分析通用方法
	沉降物中^{90}Sr	EJ/T 1035	土壤中^{90}Sr 的分析方法(参考)
	气溶胶中^{90}Sr	EJ/T 1035	土壤中^{90}Sr 的分析方法(参考)
	^{3}H	HJ 1126—2020	水中氚的分析方法
	^{210}Po	HJ 813	水中^{210}Po 的分析方法
	^{210}Pb	EJ/T 859	水中^{210}Pb 的分析方法
	^{125}I、^{129}I	WS/T 184	空气放射性核素的 γ 能谱分析方法
	^{131}I	GB/T 14584	空气中^{131}I 的取样与测定
		WS/T 184	空气放射性核素的 γ 能谱分析方法

7.4 监测方法

7.4.1 样品采集与预处理

7.4.1.1 气溶胶

(1)采样设备与过滤材料

气溶胶采集器,一般由滤膜夹具、流量调节装置和抽气泵等三部分组成。取样系统应放置在闭锁的设备中,以防止受到气候的直接影响和意外受损,应根据监测工作的实际需要选择滤纸,包括表面收集特性和过滤效率好的滤材。

(2)取样位置的选择

取样高度通常选在距地面约1.5 m处。注意保持取样系统进气口和出气口之间有足够大的距离,以防止形成部分自循环。取样地点应避免选择在异常微气象情况或其他可能导致空气浓度人工地偏高或偏低情况的地点,如高大建筑物附近。

(3)采样流程

采样流程如图7-1所示。

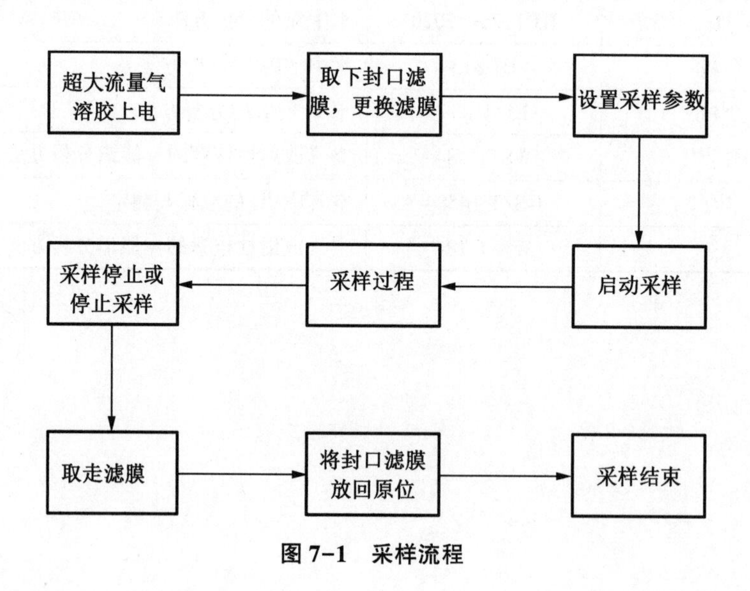

图7-1 采样流程

(4)采集方法

采样系统采用的流量计、温度计、湿度计、气压计必须经过计量检定,确认性能良好后方可采用。

空气取样的流量率可以由每分钟几升到每分钟十立方米。原则上,取样流量越大,探测下限越低。但实际上空气中的含尘量会对最大流量构成限制。在太大流量下工作会造成滤纸堵塞甚至破损。因此只能视情况优化选择流量。

取样体积的测定，直接影响到空气中放射性气溶胶浓度的推定，其准确度至少应在±10%以内。取样流量要保持稳定，在正常运行和预期的滤纸负荷变化范围内，流量变化不应大于20%。滤纸上的尘埃量有可能直接影响到取样流量，必须根据具体情况及时更换滤纸。

环境条件（温度，气压）的变化，可能影响到取样体积估算的准确度，为了修正这种影响，空气取样体积 $V(m^3)$ 应换算为标准状态下的取样空气体积。

首先将流量调节装置中的流量计测录到的流量修正到标准状态下的流量：

$$Q_{nb}=Q_i\cdot\frac{T}{T_i}\cdot\frac{P_i-P_{bi}}{P} \tag{7-1}$$

式中　Q_{nb}——标准状态下的流量，m^3/min；

Q_i——在 P_i 和 T_i 条件下取样结束时的流量，m^3/min；

Q_{i-1}——在 P_i 和 T_i 条件下取样开始时的流量，m^3/min；

P_i——采样时的大气压力，Pa；

P——标准状态下的大气压力，Pa；

P_{bi}——在 T_i 时饱和水蒸气压力，Pa；

T_i——采样时的绝对温度，K；

T——标准状态下的绝对温度，K。

然后，再根据换算后的标准状态下流量和取样时间算得取样体积：

$$V=Q_{nb}\cdot(t_2-t_1) \tag{7-2}$$

式中，t_2 和 t_1 分别为取样结束和取样开始时的时间。

有时，为了提高监测灵敏度，常常把几次分段取样的取样量合在一起，此时可按下式计算总的取样体积：

$$V=\sum_{i=1}^{n}\frac{Q_{nbi}+Q_{nb(i-1)}}{2}(\Delta t_i) \tag{7-3}$$

式中　n——分段取样次数；

Δt_i——第 i 次取样时间。

（5）样品预处理

对小型滤纸可把它们小心装入稍大一些的测量盒中封盖好。对大型滤纸可把载尘面向里折叠成较小尺寸，用塑料膜包好密封。

7.4.1.2　^{131}I

采用组合式全碘取样器，它由以下几部分组成：最前面为一层滤低，用于收集气流中的气溶胶状态碘，第二层为活性炭滤纸，用于收集元素状态的碘，再下一层是浸渍 TEDA 的活性炭盒，用于收集有机碘。

采样体积视采样目的、预计浓度及测量探测下限而定。一般 ^{131}I 采样体积大于 100 m^3。

采样结束,将滤膜与活性炭盒放进样品盒,用胶粘纸封好,放入塑料袋中密封。

采样流程如图 7-2 所示。

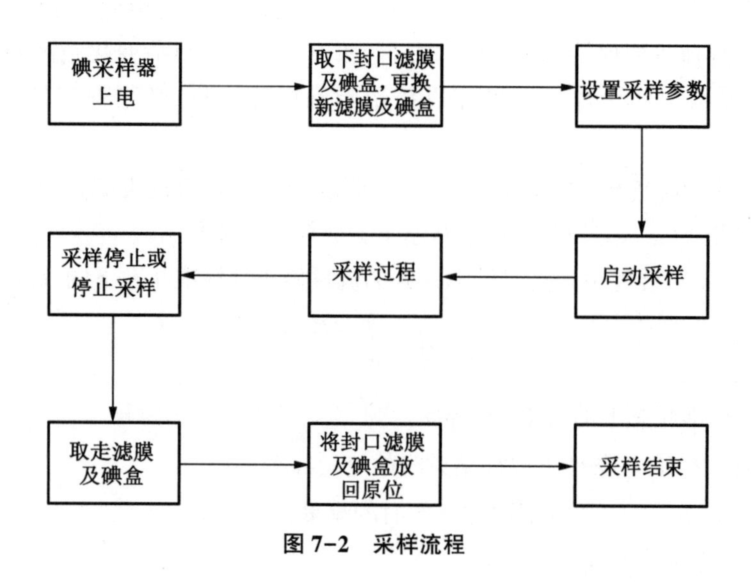

图 7-2 采样流程

7.4.1.3 氚

空气中的氚,可以分为降水中的氚以及水蒸气和氢气中的氚两个来源。对于降水中的氚取样,与 6.1.1.5 降水取样方法基本相同,但采样容器中不加入酸。

对于水蒸气中氚的收集,有干燥剂法、冷冻法、鼓泡法。干燥剂法比较普遍,可用的干燥剂有硅胶、分子筛、沸石等。硅胶方法比较简单、便宜。即在直径 5 cm、长 50 cm 左右的硬质玻璃或硬质塑料管中,填充粒度为 1.98~2.36 mm 的干燥硅胶,称出其质量,上下端塞以石英棉将其固定。使空气通过该管一定时间,把水分捕集在硅胶上。从流量计读数和抽气时间可以确定抽取的空气量。再通过测定吸收了水分的硅胶总重量,即可求出收集的水蒸气质量,收集的水样供测量氚之用。

冷冻法是将待测气流引入冷阱中,气流中的氚化水蒸气就在冷阱中凝结下来,供分析之用。

鼓泡法是使待测气流流经鼓泡器(如盛蒸馏水或乙二醇的容器瓶),使气流与液体发生气液两相交换以便把氚化水蒸气收集在液体中。

7.4.1.4 沉降物

(1)采样设备

常用的沉降收集器为接受面积 0.25 m^2 的不锈钢盘,盘深 30 cm。

(2)采样器位置

采样器安放在距地面 1.5 m 高度、周围开阔、无遮盖的平台上,盘底面要保持水平。

(3)采样方法

①湿法采样:采样盘中注入蒸馏水,要经常保持水深在 1~2 cm。常规监测中,一般收集

时间为一个月。

②干法采样:在采样盘的盘底内表面底部涂一薄层硅油(或甘油)。收集样品时,用蒸馏水冲洗干净,将样品收入塑料或玻璃容器中封存。

为了防止降雨会冲走沉积物和防止降水样与气载沉降物相混,应采用降雨时会自动关上顶盖、不降雨时自动打开顶盖的沉降收集器。

要防止地面扬土和树叶之类杂物直接进入沉降盘,在沉降盘顶可加设适当的百叶窗片,沉降盘位置也不能太靠近地表。

(4)预处理

采样期结束后,把整个采集期间接受的沉降物样品全部移入样品容器。附着在水盘上的尘埃,用橡胶刮板把它们刮下来,放入样品容器,待分析。

7.4.1.5　降水

(1)采样设备

降水采集器。

(2)采样设备安放位置

降水采集器应安放在周围至少30 m以内没有树林或建筑物的开阔平坦地域。采集器边沿上沿离地面高1 m,采取适当措施防止扬尘干扰。

(3)采样方法

①贮水器要每天定时观察。在降暴雨情况下,应随时更换,以防止外溢。

②采样完毕后,贮水器用蒸馏水充分清洗,以备下次使用。

③采集到的样品充分搅拌后用量筒测量降水总体积。采集到的雪样,要移至室内自然融化,然后再对水样进行体积测量。

7.5　辐射环境空气自动监测系统运行要求

以目前已经运行的辐射环境空气自动监测站为例,提出的运行和日常检查要求。

7.5.1　辐射环境监测

(1)空气吸收剂量率监测

空气吸收剂量率连续监测的全年小时数据获取率应达到90%以上。原始数据从剂量率监测仪读取后,不得进行平滑、极大值和极小值删除等技术处理。应按指定的时间间隔记录并计算空气吸收剂量率均值,均值应为有效采集间隔内的算术平均。空气吸收剂量率的采集频率根据实际需要设定,一般监测采集间隔可设置为5 min。当监测结果发生异常时应及时报警。报警阈值一般设定为本底加 n 倍标准偏差,本底可取空气吸收剂量率5 min

均值或小时均值,n 一般取 3~5;报警阈值也可根据历年运行经验设定为单一剂量率。在计算本底均值时,应剔除因自然因素以外原因引起的异常数据,若发生点位变动或周围环境变化,应重新计算。报警阈值可按全时段设置,或按降水时段和非降水时段分别设置。出现异常报警时应进行异常数据分析。必要时,启动辐射环境空气自动监测站的采样设备,进行样品采集。

(2)γ 放射性核素识别

根据需要设置若干(4~10)感兴趣区,每个感兴趣区应包含一种或多种关注核素的主要特征能量峰。按设定的时间间隔对各感兴趣区计数进行统计,并与本底值进行比较,发生异常时进行预警。当发生环境放射性异常时,应对核素类别做出初步判断,其中天然核素包括但不限于^{232}Th、^{226}Ra、^{40}K,人工核素包括但不限于^{60}Co、^{137}Cs、^{131}I、^{192}Ir、^{75}Se。

(3)气象参数测量

气象参数包括气压、气温、相对湿度、风向、风速和降水量等。气象参数原始数据的采集频率:气压、气温、相对湿度、风向、风速、降水量均为每分钟 1 次。原始数据采集后计算各参数的小时平均值。气象参数的采集须符合 QX/T 45 的要求。

气象参数的日月年报表内容为:气压、气温、相对湿度和风速的日月年的平均值和极值,以及对应时间等;风向的日月年频率,以及对应时间等,并形成月和年的风玫瑰图;降水量日月年的总量值,以及对应时间等。降水与空气吸收剂量率变化应进行关联分析;气温和气压参数可用于气溶胶样品标准状态体积修正。

(4)气溶胶

采样设备:超大流量采样器流量不小于 600 m^3/h,流量示值误差≤±5%;大流量采样器流量不小于 60 m^3/h,流量示值误差≤±2%。采样前应确认采样器性能良好、稳定。

滤膜:采样滤膜应符合 HJ/T 22 要求。根据核素分析方法,选择合适的滤膜,超大流量采样器使用不同型号滤膜前应确定收集效率。采样前,应检查滤膜是否有针孔、缺陷或破损,滤膜绒面应朝上置于支持网上,拧紧滤膜夹使之不漏气,设置采样流量、采样时间等。采样总体积换算至标准状态体积。

采样方法:根据采样目的、预计浓度及核素的探测下限设置采样体积,采样体积一般应大于 10 000 m^3,尽量采用超大流量采样器采样。若采用大流量采样器采样,采样总时间为 8 d(即 192 h),每 48 h 更换一次滤膜。

若滤膜收集的灰尘量较大,阻力增大影响流量时,应及时更换滤膜。

(5)沉降物

采用双采样盘(A、B)模式采集沉降物。采样盘 A 在无降水时开启收集沉降物,应在其中注入蒸馏水(对于极寒地区,采样器没有加热装置的,可加防冻液,防冻液应经过辐射水平测量),水深经常保持在 1~2 cm;也可在其表面及底部涂一薄层硅油(或甘油)。采样盘 B 在降水时开启收集沉降物。

收集样品时,用蒸馏水冲洗采样盘壁和采集桶三次,收入预先洗净的塑料或玻璃容器中封存。采样盘 A 和 B 的样品分别收集。

采集期间,每月应至少观察一次收集情况,清除落在采样盘内的树叶、昆虫等杂物。定期观察采集桶内的积水情况,当降水量大时,为防止沉降物随水溢出,应及时收集样品,待采样结束后合并处理。

(6)空气中碘

采样设备:流量 0~250 L/min,流量示值误差≤±5%。

过滤介质:包括滤纸和碘盒。滤纸收集空气中微粒碘;碘盒收集元素碘、非元素无机碘和有机碘。

采样方法:根据采样目的、预计浓度及核素的探测下限设置采样体积,采样体积一般应大于 100 m^3,采样流量应控制在 20~200 L/min。采样总体积应换算到标准状态的体积。

7.5.2　样品的管理

(1)现场记录

填写采样记录表和样品标签应字迹清晰、内容完整详细。采样信息包括采样地点、样品编号、采样起止时间、采样时的气象条件及与采样有关的其他情况。采样记录表须有采样人和复核人签名。样品标签不得与样品分开。发生特殊情况(如停电,仪器故障等),应做好记录。

(2)样品的保存

采集的样品要分类保存,防止交叉污染。

滤膜、滤纸和碘盒:气溶胶采样滤膜应该按采样先后次序,依次叠放(叠放形状与刻度源形状保持一致)在圆柱形特制样品盒中;气碘采样滤纸和碘盒分别放入两个圆柱形塑料样品盒,也可以放入同一个样品盒(取决于仪器刻度方式和测量目的)。以上过滤介质放置好后,拧紧盒盖,贴好样品标签并做好制样记录。

沉降物样品存放于聚乙烯塑料桶(瓶),用 HNO_3(HCl)酸化至 pH≤2,贴上样品标签,保存以供测量。样品桶(瓶)经洗涤剂洗刷干净,自来水冲洗,稀 HNO_3(HCl)溶液浸泡一昼夜,并经去离子水反复冲洗至洗涤水呈中性后,倒置晾干备用。

用于氚分析的降水样品,应存放于棕色玻璃或高密度塑料材质样品容器内。

(3)样品的运输

运输前,应填写送样单,并附上现场采样记录,对照送样单和样品标签清点样品,检查样品包装是否符合要求。运输中的样品要有专人负责,以防发生破损和洒漏,发生问题及时采取措施,确保安全送至实验室,并按实验室相应管理规定完成样品交接。

7.5.3　日常检查

辐射环境空气自动监测站应采用日监视和月巡检制度,日监视采用远程检查方式。

7.5.3.1　日监视

检查数据是否正常。查看数据曲线,如有异常波动需查找原因。检查时钟和日历设置,发现错误应及时更正。

检查仪器设备运行和传输是否正常。如发现有异常情况,应进行技术分析,确定异常原因;无法排除故障时,应立即前往站点进行现场检查并及时处理解决。

7.5.3.2 月巡检

(1)站房

①检查站房及周围环境是否遭受雷击、水淹等自然或人为破坏情况;检查站房外观以及锈蚀、风化、密封等情况;检查外部供电电缆、通信线缆的完整性和老化情况;检查防雷接地体的锈蚀、松脱等情况。

②检查站房内是否有异常的噪声或气味,设备是否齐备,有无丢失和损坏,各固定的仪器设备有否损坏、积尘、锈蚀、松动或其他异常;排除安全隐患,检查安防设备、照明系统和排风排气装置运行是否正常,检查灭火器的有效期和可用性。

③检查站房供配电系统,检查不间断电源主机和蓄电池工作情况,检查信号防雷设备的运行情况。

④检查站房内温度、湿度是否维持在合理区间。对站房空调机的过滤网进行清洁,防止尘土阻塞过滤网。

⑤检查站房周围环境卫生情况,对仪器设备和站房内外进行清洁工作,保持站房内部物品摆放统一有序、整洁美观。

(2)数据采集处理和传输系统

①观察各类电缆和数据连接线是否正常。

②检查软件系统中仪器设备(包括采样设备)的参数设置、数据采集存储等情况。检查门禁、烟雾、浸水等系统软件功能。

③对各仪器设备进行重新启动,检查运行是否正常,通过软件对气溶胶采样器、碘采样器进行开关和采样控制,检查功能是否正常。

④检查加密网关工作是否正常。检查有线和无线链路连通情况,分别断开有线链路和无线路由器,在软件系统和数据中心查看数据是否连通。

⑤重启软件,检查是否报错,各项监测内容是否显示正常;在数据中心查看站点数据是否联通且完整,检查计算机系统资源占用、安全防护等情况,对现场存储数据进行备份。

(3)监测设备

①检查监测设备的监测数据和运行参数,判断运行是否正常。

②检查监测设备是否积尘,接口是否破损、锈蚀,连接线是否破损、老化,支架及百叶箱是否锈蚀或破损,检查连接和螺丝是否松动。

(4)采样设备

①检查外观是否积尘、破损、锈蚀,对采样有影响的,应及时进行处理。

②对采样管路进行清洁和气密性检查,及时清除管路和采样口的杂物和积水等。

③对沉降物采样器进行管路检查(包括漏水检查)及对干湿传感器灵敏度测试,冬季应检查加热装置。

④对气溶胶和碘采样器进行开机运行测试,运行时间为半小时以上,检查运行过程中设备是否异常。

⑤若采样设备出现冷凝水,应及时调节站房温度或对采样管路采取适当的控制措施,防止冷凝现象。

⑥检查耗材使用和库存情况。

当发生极端恶劣天气后应及时进行全面检查维护，包括 6.7.3 节涉及的全部内容。日常运行和维护时，应做好记录，并作为运行维护档案存档。

7.5.4　运维体系建设

运维体系是运维的基础和核心，通过运维体系的构建及完善，使运维做到稳定可靠，准确完备，规范科学。从某种角度看，自动站运维体系可以从人、事、物、流程标准四个方面去建设。

人：完善的岗位职责，完善的技能分享与培训，完善的绩效考核，规范的工作行为等。目的是建成一支高效、技术水平高、团结稳定、有职业素养的运维团队。

事：做好日常基础运维工作，保障好自动站稳定运行。不断地探索运维理念和技术，探索优化自动站系统架构。具体可以为分几大块，例如运维流程管理，资源架构规划，应急与故障处理，系统优化及日常工作等等。目的是要明白运维做什么正确的事，怎么正确地做事，做事有章法，稳定高效能。

物：主要是如何管理好自动站运维所涉及的各种资源。例如自动站房、监测采样设备、服务器、网络设备、应用软件、工具等各种软硬件资源。目的要使各类资源配置管理妥当，清楚资源属性，知道从哪来，要去哪，使得物尽其用，物有所值，安置妥当。

流程标准：用流程标准将上述要素（人、事、物）有机结合，有序科学地流转，高效稳定地运行。例如资源规划与采购、各种标准规范、软硬件配置部署规范、检查制度、工作交接等。

将上述自动站要素（人、事、物）有机结合，有序科学地流转，高效稳定地运行，形成自动站各类规章制度、流程标准。

7.5.5　运维考核指标

实现实时 γ 辐射空气吸收剂量率小时数据获取率达 90% 以上，样品采集率 95% 以上；不断完善修复系统隐患，持续优化改进系统，使之高效稳定地运行。

7.6　日常维护

（1）定期清理降雨感应器上累积的灰尘，根据天气情况可自行变更清理周期，一般每月清理一次。

（2）定期检查超大流量气溶胶采样器封口滤膜是否破损，破损需更换，一般每月检查一次。

（3）定期清理声光报警灯上灰尘，一般每季度清理一次。

（4）定期检查超大出气管末端是否堵塞气路，每月检查一次。

(5)定期清理干湿沉降采样器上的降雨感应器上的灰尘,每月清理一次。

(6)定期检查站房通风扇是否积灰严重影响运行,每季度检查一次。

(7)定期清理雨量筒内积灰及杂物,根据天气环境变更清理周期,一般每月一次。

(8)干湿沉降采样器、干湿采样桶定期进行检查清理,避免管路堵塞。

7.7 故障复盘

复盘源于围棋术语,指对局完毕后,复演该盘棋的记录,以检查对局中招法的优劣与得失关键。这样可以有效地加深对弈印象,也可以找出双方攻守的漏洞,是提高自己水平的好方法。故障复盘就是对故障发生及处理过程重新回顾、反思和探究,实现稳定性及能力的提升。通过故障复盘可以让我们看清故障背后的问题,找出故障背后真正的原因;发现解决问题的新思路或者新方法;更加客观地认清业务当前稳定性的现状,以便寻求最佳的解决办法。

(1)故障简单回顾。主要针对故障发生时间点、故障影响面、恢复时长、主要处理人或团队做简要说明。

(2)故障处理时间线回顾。技术支持在故障处理过程中要简要记录处理过程,比如每个操作的时间点、责任人、操作结果,甚至是中间的沟通和协作过程,比如几点几分给谁打了电话、多长时间处理等,这个过程要求客观真实即可。系统恢复后,会发给处理人进行核对和补充。这个时间线的作用非常关键,它可以相对真实地再现整个故障处理过程。

(3)针对时间线进行讨论。回顾上述时间线之后,提出过程中存在的疑问,这一点会对主要处理人产生一定的压力,所以一定要保持对事不对人。通常会针对处理时长过长、不合理的环节提出质疑,找出明显不足,记录过程中的改进点。

(4)确定故障根因。通过讨论细节,对故障根因进行判断,并再次对故障根因的改进措施进行讨论,固化技术,提升效率。

(5)发出故障完结报告。故障完结报告的主要内容包括故障详细信息,如时间点、影响面、时间线、责任团队、后续改进措施,以及通过本次故障总结出来的共性问题和建议。这样做的主要目的是保证信息透明,同时引以为戒,期望其他站也能查漏补缺,不要犯同样的错误。

7.7.1 故障概述

自动站 24 h 连续在野外运行,早期建设的自动站已经接近使用寿命,设备已经开始老化,是故障频发的主要原因。部分自动站由于地处边远,受当地条件限制,供电系统和网络系统故障较为频繁,运维不便也是导致故障较多的原因。

自动站系统复杂、设备多样、故障情况繁多,2015 年至 2019 年自动站总共发生各类故障 682 次，平均每年发生故障超 130 次，其中通信故障占 56%，设备故障占 44%。设备故障中 VPN(数据加密网关)故障率最高，故障次数 172 次；高气压电离室其次，故障次数 73 次，主要故障比例如图 7-3 所示。VPN 设备故障中，存储模块故障占 20%，电源故障占 5%，主板故障占 5%；高气压电离室故障中静电计故障占 18%，主板故障占 15%，串口故障占 11%。

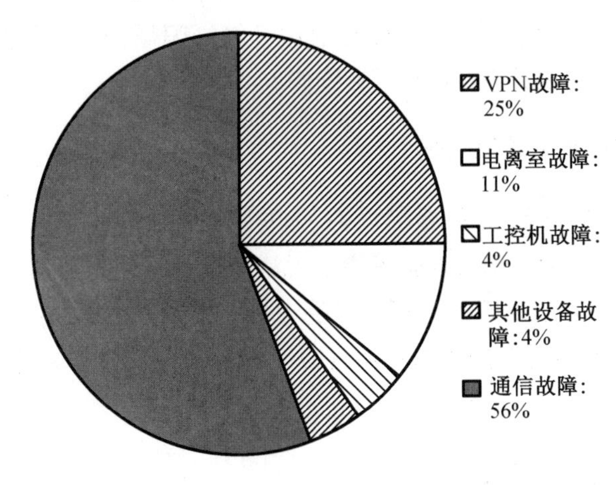

图 7-3　自动站故障情况统计图

7.7.2　常见故障

(1)高气压电离室：数据中断，串口/连接线故障，静电计、主板故障，采集模块和电源模块故障。

(2)VPN 设备：数据中断，存储模块、电源和主板等硬件故障。

(3)工控机：数据中断，数据库故障，运行卡顿，内存和主板故障。

(4)采样设备：超大/大流量采样器主泵故障，沉降物采集器机械故障。

(5)通信：有线/无线路由器故障，网络中断/欠费。

(6)其他：站点断电、基础设施破坏、站点变更。

7.7.3　常见故障处理

7.7.3.1　高气压电离室常见故障处理

(1)设备无法开机：使用万用表测试供电电压，检测电源是否正常。

(2)数据中断：重启自动站软件或工控机，查看数据是否恢复正常。切断设备电源，重启设备，查看数据是否恢复正常。通过调换设备接入串口，检测设备串口通信是否正常。

(3)串口/连接线故障：与可正常读取设备数据的电脑连接，判断故障原因。调换正常设备主机或数据线对比测试，判断故障原因。

如果上述操作都无法检出故障原因，则可认为是高气压电离室设备本身故障，联系设备厂家进行内部部件维修。

7.7.3.2 VPN 常见故障处理

(1)数据中断:切断设备电源,重启设备,查看数据是否恢复正常。进入控制台,查看有线/无线数据流量是否正常,若无流量数据,或双线路切换不畅通,重启设备,查看是否恢复。设备运行过热导致设备停止运行,则需待回到正常温度后再启动设备。

(2)硬件故障:根据运行指示灯判断,电源灯红灯闪烁,则表示电源故障,若端口灯不亮,则表示内部硬件故障;硬件故障寄厂家维修。

7.7.3.3 工控机常见故障处理

(1)数据中断:切断设备电源,重启设备,查看数据是否恢复正常。

(2)数据库故障:多为出现打开软件弹出无法连接数据库报警对话框。重启设备,同时数据库服务重新启动,若仍出现报警可选择手动打开数据库。

(3)运行缓慢、卡顿:对工控机内存进行清理或重新安装操作系统;一般 5~8 年可考虑更换设备。

7.7.3.4 通信常见故障处理

在自动站数据获取软件上查看网络状态,一般情况下线路 1 代表有线传输线路,线路 2 代表无线传输线路。系统默认使用有线传输线路进行连接传输,当有线传输线路故障时,自动切换成无线传输线路。

(1)有线传输线路故障:线路 1 未连接,线路 2 已连接。检查有线路由器是否正常工作,若有线路由器正常,则检查网线接入,并核实有线网络是否欠费。

(2)无线传输线路故障:线路 1 正常运行,断开线路 1,线路 2 显示未连接。检查无线路由器是否正常工作;若无线路由器正常,核实无线网卡是否欠费。

(3)线路 1 和线路 2 均未连接:①ping 自动站网关远程判断自动站网络状况。②检查自动站系统软件是否正常运行,省级有线链路是否显示“已连接”。③若显示未连接,则检查 VPN 设备、有线/无线路由器等设备是否正常启动。

7.7.4 注意事项

自动站为交流三相 380 V 供电,严禁非专业人员对交流供电线部分进行操作。设备在维护时需先切断设备电源后方可操作。

自动站精密仪器较多,非专业维修人员不得随意对仪器进行拆卸,并经严格培训后方可操作。自动站属于密闭结构,内部虽然有通风设施,但是为保证舒适性,操作自动站时尽量把门打开。

第8章　自动站监测系统运行管理

8.1　目的和任务

辐射环境空气自动监测站的标准化、制度化、规范化管理，是辐射环境空气自动监测站运行管理的重要内容，可以发挥自动化、数字化和智能化的优势，确保其正常稳定运行，保证自动监测数据的真实、客观、准确和及时性，实现数字技术赋能辐射监测工作。

辐射环境空气自动监测站要完成辐射环境空气自动监测工作，获得可靠的数据、资料，必须系统地把握住一系列关键的基本环节：比如布点及其现场环境、探测器的选择和布置、采样和分析、数据处理和传输、监测质量保证等。辐射环境空气自动监测站运行期间，在确保数据正常的前提下，辐射环境空气自动监测站实时监测数据的全年小时获取率要达到90%以上；样品采集和测试分析应满足全国辐射环境质量监测方案的要求，数据获取率要达到90%以上。

8.2　工 作 分 工

辐射环境空气自动监测站的运行管理按照统一领导、分工负责、密切配合的原则，由国务院生态环境行政主管部门、地区核与辐射安全监督站、省级生态环境主管部门、地市级生态环境主管部门按照职责分工实施。生态环境部辐射环境监测技术中心、生态环境部核与辐射安全中心作为技术支撑单位，提供运行管理技术支持。

(1)国务院生态环境行政主管部门负责辐射环境空气自动监测站建设规划并组织实施，组织开展全国站点的统一规划和设置，制定运行管理制度并监督执行。

(2)地区核与辐射安全监督站组织对辖区内辐射环境空气自动监测站的选址与运行维护进行督促检查。

(3)省级生态环境主管部门负责本行政区辐射环境空气自动监测站的选址，组织做好运行管理，协调保障站点的建设和运行基础条件。

(4)省级辐射环境监测机构具体承担本行政区辐射环境空气自动监测站(包括省级数

据汇总中心)的运行管理,并对本单位和本行政区运行管理人员进行技术培训,保障辐射环境空气自动监测站的稳定运行和监测数据的真实、准确。

(5)地市级生态环境主管部门按照省级生态环境主管部门及其辐射环境监测机构的要求,可接受委托,具体承担本行政区辐射环境空气自动监测站的日常现场运行维护工作。

(6)生态环境部辐射环境监测技术中心承担全国辐射环境空气自动监测站的规划和站点设置的技术支持,牵头实施全国辐射环境空气自动监测站的运行管理工作;负责全国辐射环境空气自动监测站的质量保证管理工作,承担运行管理的业务培训和技术交流;负责国家数据汇总中心的运行管理,做好辐射环境空气自动监测站点、国家和省级数据汇总中心应用软件的统一升级;对各省(自治区、直辖市)的辐射环境空气自动监测站运行管理和维护工作进行技术指导。

(7)生态环境部核与辐射安全中心承担中央投资的辐射环境空气自动监测站的建设及其设备升级改造,做好其固定资产管理工作,负责国家数据备份中心的运行管理,并对全国辐射环境空气自动监测站运行管理工作提供必要的支持。

8.3 基本原则和依据

辐射环境空气自动监测站的运行管理由中央和地方依据相关法律法规和规范性文件的要求实施。其中布设在地市级及以上城市的辐射环境空气自动监测站运行管理为中央和地方共同事权,日常运行经费由中央与地方共同承担;边境口岸、重点或敏感地区,以及国家重点监管核设施外围承担监督性监测功能等辐射环境空气自动监测站的运行管理为中央事权,日常运行经费由中央承担。辐射环境空气自动监测站的监测数据由中央和地方共享。

2015年1月8日,原环境保护部制发《关于加强国控辐射环境自动监测运行管理的通知》(环办函〔2015〕48号),明确辐射环境空气自动监测站的运行管理目标、任务分工、数据与信息管理要求。

2020年10月13日,生态环境部制发《关于印发<国控辐射环境空气自动监测站运行管理办法>的通知》 (环办核设〔2020〕26号),与2015年文件相比,进一步明确细化辐射环境空气自动监测站的工作分工、运行管理、数据管理与报送等要求,并提出质量管理方面的工作要求:

(1)对辐射环境空气自动监测站进行定义,指纳入国家辐射环境监测网,并用于环境γ辐射、气象状况连续监测与空气样品自动采集的固定监测站点。各省级生态环境主管部门及其他机构建设的辐射环境空气自动监测站的运行管理,可以参照执行。

(2)辐射环境空气自动监测站的选址是做好其运行管理工作的前提和基础,在职责中增加了选址工作的任务分工,由省级生态环境主管部门负责,地区核与辐射安全监督站负责督促检查。

(3)明确强调生态环境部辐射环境监测技术中心负责全国辐射环境空气自动监测站的运行管理和质量保证管理工作。

(4)增加生态环境部核与辐射安全中心关于中央本级投资的辐射环境空气自动监测站的建设、固定资产管理,运行管理支持等职责分工。

8.4　主要工作内容

(1)省级生态环境主管部门在辐射环境空气自动监测站运行管理中的主要工作内容有:

①将辐射环境空气自动监测站监测任务列入本行政区年度生态环境监测计划,并组织实施。

②辐射环境空气自动监测站点位原则上保持不变,如确需变更,应由省级生态环境主管部门报生态环境部批准后实施。

(2)省级辐射环境监测机构负责开展本行政区辐射环境空气自动监测站的日常运行管理,并做好记录,主要工作内容有:

①配备不少于 3 名技术人员(其中至少 1 名专职人员)承担辐射环境空气自动监测站的运行管理和监测数据审核报送。人员组成如有变动,须报生态环境部辐射环境监测技术中心备案,并抄报地区核与辐射安全监督站。

②按照监测计划开展本行政区辐射环境空气自动监测站日常监测工作。包括下辐射空气吸收剂量率、放射性核素识别和气象参数的连续监测,以及样品的采集与分析等。

③做好监测设备、采样设备、气象监测设备、控制设备、数据采集处理和传输设备及基础设施的日常管理。

④按照技术规范开展“日监视”和“月巡检”,发现问题及时排查。发生极端恶劣天气后,参照“月巡检”对辐射环境空气自动监测站开展全面检查。

⑤做好固定资产管理,保证辐射环境空气自动监测站资产完整性,定期将资产情况报生态环境部核与辐射安全中心备案。

⑥做好辐射环境空气自动监测站的安全保卫工作,切实做好防盗、防火、防雷、防水(淹、漏)以及防止其他人为破坏事件的发生。

⑦按技术规范要求开展辐射环境空气自动监测站设施设备检查、维护和检修。辐射环境空气自动监测站基础设施和仪器设备发生故障时,除不可抗力之外,应立即组织维修并做好记录。辐射探测器、数据处理和通信设备、省级数据汇总中心应用软件及超大流量采样器发生故障,原则上在 9 日内修复。无法及时修复的,应立即上报生态环境部辐射环境监测技术中心。其余设施设备发生故障的,原则上在 15 日内完成修复。由于停电、故障和维修等原因,造成辐射环境空气自动监测站监测数据采集和传输中断超过 72 h 的,应及时向生态环境部辐射环境监测技术中心报备。

⑧省级辐射环境监测机构委托第三方专业机构开展辐射环境空气自动监测站维修维护工作，应要求第三方专业机构制定维修维护实施细则，并对其进行监督管理。

⑨自行采购和管理辐射环境空气自动监测站其他备品备件及地方配套的备品备件，并按固定资产管理有关要求，及时办理资产登记、清点盘查和报废等工作，做好资产管理。

（3）生态环境部辐射环境监测技术中心在辐射环境空气自动监测站运行管理中的主要工作内容有：

①建立健全辐射环境空气自动监测站运行管理实施程序和技术要求，规范辐射环境空气自动监测站维修维护、数据汇总中心监控值守、数据审核与报送等工作。

②对辐射环境空气自动监测站设备状况、数据传输和发布情况进行监控，发现异常应督促相关省级辐射环境监测机构进行排查。

③建立专业化的维修队伍，配备维修用房和工器具，对省级辐射环境监测机构上报的无法修复的设备故障，组织开展抢修。除不可抗力之外，设备故障抢修原则上在15日内完成。故障抢修情况通报生态环境部核与辐射安全中心。

④集中采购和管理辐射环境空气自动监测站的滤膜、碘盐和标准物质等易耗品，组织编制中央投资的辐射环境空气自动监测站备品备件采购和分配方案，报生态环境部批准后实施。

（4）生态环境部核与辐射安全中心在辐射环境空气自动监测站运行管理中的主要工作内容有：按照批准的方案采购和分配辐射环境空气自动监测站辐射探测器、虚拟专用网络（VPN）设备和工控机等备品备件，并按固定资产管理有关要求，及时办理资产登记、清点盘查和报废等工作，做好相关资产管理。

8.5 质量管理

（1）省级生态环境主管部门在辐射环境空气自动监测站质量管理中的主要工作内容有：

①建立健全质量保证制度，覆盖采样、现场测量、样品流转、分析测试、数据审核与传输、综合评价、报告编制与审核签发等全过程。

②省级辐射环境监测机构及其负责人对本行政区辐射环境空气自动监测站监测数据的真实性和准确性负责，采样与分析人员、审核与授权签字人分别对原始监测数据、监测报告的真实性负责。

③定期将辐射环境空气自动监测站监测设备、采样设备和气象监测设备送到有资质的计量机构进行检定/校准；无法送检的，定期开展自行校准。

④每年至少一次，开展辐射环境空气自动监测站监测设备、采样设备和气象监测设备期间核查，期间核查结果不符合指标要求的仪器，应进行检修和重新检定/校准。

（2）生态环境部辐射环境监测技术中心应建立辐射环境空气自动监测站运行维护质量

管理体系,制定相关技术规范和程序,并定期组织质控检查和比对交流。

8.6　数据管理与报送

8.6.1. 全国监测数据管理

生态环境部辐射环境监测技术中心定期离线备份保存全国辐射环境空气自动监测站自动监测数据,保证数据可追溯、可读取,防止数据丢失;按照“一站一档”要求,组织各省(自治区、直辖市)做好档案管理工作。辐射环境空气自动监测站运行管理档案保存期限为30 年。

8.6.2. 省级监测数据管理

省级辐射环境监测机构按季度汇总本行政区辐射环境空气自动监测站监测数据,对数据进行有效性审核后报送生态环境部辐射环境监测技术中心。应急情况下,按照应急指令的要求报送辐射环境空气自动监测站监测数据。

省级辐射环境监测机构做好辐射环境空气自动监测站监测数据的分析,发现数据异常时,及时上报生态环境部、地区核与辐射安全监督站和省级生态环境主管部门,并开展调查。根据调查结果,不能反映辐射水平的异常数据,不参与监测结果评价。

省级辐射环境监测机构应定期离线备份保存本行政区辐射环境空气自动监测站自动监测数据,并按规定保存辐射环境空气自动监测站样品采集和分析原始记录。

8.6.3. 数据报送和发布

辐射环境空气自动监测站辐射剂量率实时监测数据通过生态环境部和生态环境部辐射环境监测技术中心官网实时对外公开发布,测试分析数据纳入全国辐射环境质量年报对外发布。

各级生态环境主管部门发布本行政区辐射环境空气自动监测站监测数据的,其发布内容应与生态环境部保持一致。

任何组织和个人不得篡改、伪造、指使他人篡改或伪造辐射环境监测数据,对违法违规操作或直接篡改、伪造监测数据的,依纪依法追究相关人员责任。

附录 I　辐射环境空气自动监测站运行技术规范[①]

HJ 1009—2019

前　言

为贯彻《中华人民共和国环境保护法》和《中华人民共和国放射性污染防治法》，规范全国辐射环境空气自动监测站的运行维护和质量保证工作，制定本标准。

本标准规定了辐射环境空气自动监测站的组成和功能、运行和日常检查、维护检修、数据处理与报送、质量保证和档案等技术要求。

本标准由生态环境部核设施安全监管司、法规与标准司组织制订。

本标准起草单位：浙江省辐射环境监测站（辐射环境监测技术中心）。

本标准生态环境部 2018 年 12 月 24 日批准。

本标准自 2019 年 3 月 1 日起实施。

本标准由生态环境部负责解释。

---

① 为便于读者检索、查阅，本附录内容与标准文件中保持一致，不做修改。

辐射环境空气自动监测站运行技术规范

1　适用范围

本标准规定了辐射环境空气自动监测站的组成和功能、运行和日常检查、维护检修、数据处理与报送、质量保证和档案等技术要求。

本标准适用于生态环境部建设的国控辐射环境空气自动监测站。各级辐射环境监测机构及其他机构采用自动监测站对辐射环境空气质量进行监测的活动也可参考执行。

2　规范性引用文件

以下标准和规范所含条文,在本标准中被引用即构成本标准的条文,与本标准同效。凡是不注明日期的引用文件,其最新版本适用于本标准。

HJ/T 61 辐射环境监测技术规范

HJ/T 22 气载放射性物质取样一般规定

QX/T 45 地面气象观测规范 第1部分:总则

3　术语和定义

下列术语和定义适用于本标准。

3.1　辐射环境自动监测 radiation environmental automatic monitoring

采用连续自动辐射监测设备对辐射环境进行直接测量、处理和分析的过程。

3.2　辐射环境空气自动监测站 radiation environmental air automatic monitoring station

用于环境 γ 辐射、气象状况连续监测与空气样品自动采样的固定监测站点。

3.3　稳定性 stability

测量仪器设备在运行期间工作的稳定状况。

3.4　数据获取率 data acquisition rate

辐射环境自动监测站单位运行时间实际获取的有效监测数据个数占单位运行时间应该获取的监测数据总数的比例。

4 组成和功能

4.1 组成

辐射环境空气自动监测站一般由一种或多种辐射环境监测设备(剂量率监测仪、γ能谱仪等)、采样设备(气溶胶、沉降物、空气中碘等采样器)、气象监测设备、控制设备、数据采集处理和传输设备及基础设施等组成。采样设备和气象监测设备可根据需要选配。

4.2 功能

辐射环境空气自动监测站的主要功能是对环境γ辐射水平和气象状况进行自动连续监测,实时采集、处理和存储监测数据;通过有线或无线网络实时向数据汇总中心传输监测数据、设备运行状况等信息,了解辐射环境质量状况及变化趋势,并可对外发布监测数据。配有采样设备的辐射环境空气自动监测站,对空气中的气溶胶、沉降物和碘进行采集,采集后的样品送实验室分析。

5 运行和日常检查

5.1 辐射环境监测

5.1.1 空气吸收剂量率监测

5.1.1.1 空气吸收剂量率连续监测的全年小时数据获取率应达到90%以上。原始数据从剂量率监测仪读取后,不得进行平滑、极大值和极小值删除等技术处理。

5.1.1.2 应按指定的时间间隔记录并计算环境空气吸收剂量率均值,均值应为有效采集间隔内的算术平均。空气吸收剂量率的采集频率根据实际需要设定,一般监测采集间隔可设置为5分钟。

5.1.1.3 当监测结果发生异常时应及时报警。报警阈值一般为本底加n倍标准偏差,本底可取空气吸收剂量率5分钟均值或小时均值,n一般取3~5;报警阈值也可根据历年运行经验设定为单一剂量率。在计算本底均值时,应剔除因自然因素以外原因引起的异常数据,若发生点位变动或周围环境变化,应重新计算。报警阈值可按全时段设置,或按降水时段及非降水时段分别设置。

5.1.1.4 出现异常报警时应按7.2节进行异常数据分析。必要时,启动辐射环境空气自动监测站的采样设备,进行样品采集。

5.1.2 γ放射性核素识别

5.1.2.1 根据需要设置若干(4~10)感兴趣区,每个感兴趣区应包含一种或多种关注核素的主要特征能量峰。按设定的时间间隔对各感兴趣区计数进行统计,并与本底值进行比较,发生异常时进行预警。

5.1.2.2 当发生环境放射性异常时,应对核素类别做出初步判断,其中天然核素包括但不限于^{232}Th、^{226}Ra、^{40}K,人工核素包括但不限于^{60}Co、^{137}Cs、^{131}I、^{192}Ir、^{75}Se。

5.1.3 采样与分析

样品的监测内容与监测频次应按照 HJ/T 61 要求执行。样品采集后,应加强与分析实验室的协调和衔接,确保采集到的样品在规定时间内进行分析测试。随着时间推移和经验积累,样品的监测项目与监测频次应进行优化设计。

5.2 气象参数测量

5.2.1 气象参数包括气压、气温、相对湿度、风向、风速和降水量等。

5.2.2 气象参数原始数据的采集频率:气压、气温、相对湿度、风向、风速、降水量均为每分钟 1 次。原始数据采集后计算各参数的小时平均值。气象参数的采集须符合 QX/T 45 的要求。

5.2.3 气象参数的日月年报表内容为:气压、气温、相对湿度和风速的日月年的平均值和极值,以及对应时间等;风向的日月年频率,以及对应时间等,并形成月和年的风玫瑰图;降水量日月年的总量值,以及对应时间等。

5.2.4 降水与空气吸收剂量率变化应进行关联分析;气温和气压参数可用于气溶胶样品标准状态体积修正。

5.3 样品采集

5.3.1 气溶胶

5.3.1.1 采样设备与滤膜

采样设备:超大流量采样器流量不小于 600 m^3/h,流量示值误差≤±5%;大流量采样器流量不小于 60 m^3/h,流量示值误差≤±2%。采样前,应确认采样器性能良好、稳定。

滤膜:采样滤膜应符合 HJ/T 22 要求。根据核素分析方法,选择合适的滤膜,超大流量采样器使用不同型号滤膜前应确定收集效率。采样前,应检查滤膜是否有针孔、缺陷或破损,滤膜绒面应朝上置于支持网上,拧紧滤膜夹使之不漏气,设置采样流量、采样时间等。采样总体积换算至标准状态体积。

5.3.1.2 采样方法

根据采样目的、预计浓度及核素的探测下限设置采样体积,采样体积一般应大于 10 000 m^3,尽量采用超大流量采样器采样。若采用大流量采样器采样,采样总时间为 8 天(即 192 小时),每 48 小时更换一次滤膜。

若滤膜收集的灰尘量较大,阻力增大影响流量时,应及时更换滤膜。

5.3.2 沉降物

采用双采样盘(A、B)模式采集沉降物。采样盘 A 在无降水时开启收集沉降物,应在其中注入蒸馏水(对于极寒地区,采样器没有加热装置的,可加防冻液,防冻液应经过辐射水平测量),水深经常保持在 1~2 cm;也可在其表面及底部涂一薄层硅油(或甘油)。采样盘 B 在降水时开启收集沉降物。

收集样品时,用蒸馏水冲洗采样盘壁和采集桶三次,收入预先洗净的塑料或玻璃容器中封存。采样盘 A 和 B 的样品分别收集。

采集期间,每月应至少观察一次收集情况,清除落在采样盘内的树叶、昆虫等杂物。定期观察采集桶内的积水情况，当降水量大时，为防止沉降物随水溢出，应及时收集样品，待采样结束后合并处理。

5.3.3 空气中碘

5.3.3.1 采样设备与过滤介质

采样设备：流量 0~250 L/min，流量示值误差≤±5%。

过滤介质：包括滤纸和碘盒。滤纸收集空气中微粒碘；碘盒收集元素碘、非元素无机碘和有机碘。

5.3.3.2 采样方法

根据采样目的、预计浓度及核素的探测下限设置采样体积，采样体积一般应大于 100 m^3，采样流量应控制在 20~200 L/min。采样总体积应换算到标准状态的体积。

5.4 样品的管理

5.4.1 现场记录

填写采样记录表和样品标签应字迹清晰、不得涂改、内容完整详细。信息包括采样地点、样品编号、采样起止时间、采样时的气象条件及与采样质量有关的其他情况。采样记录表须有采样人和复核人签名。样品标签不得与样品分开。发生特殊情况（如停电，仪器故障等），应做好记录。

5.4.2 样品的保存

5.4.2.1 采集的样品要分类保存，防止交叉污染。

5.4.2.2 滤膜、滤纸和碘盒：气溶胶采样滤膜应该按采样先后次序，依次叠放（叠放形状与刻度源形状保持一致）在圆柱形特制样品盒中；气碘采样滤纸和碘盒分别放入两个圆柱形塑料样品盒，也可以放入同一个样品盒（取决于仪器刻度方式和测量目的）。以上过滤介质放置好后，拧紧盒盖，贴好样品标签并做好制样记录。

5.4.2.3 沉降物样品存放于聚乙烯塑料桶（瓶），用 HNO_3 或 HCl 酸化至 pH≤2，贴上样品标签，保存以供测量。样品桶（瓶）经洗涤剂洗刷干净，自来水冲洗，稀 HNO_3（HCl）溶液浸泡一昼夜，并经去离子水反复冲洗至洗涤水呈中性后，倒置晾干备用。

5.4.2.4 用于氚分析的降水样品，应存放于棕色玻璃或高密度塑料材质样品容器内。

5.4.3 样品的运输

运输前，应填写送样单，并附上现场采样记录，对照送样单和样品标签清点样品，检查样品包装是否符合要求。运输中的样品要有专人负责，以防发生破损和洒漏，发生问题及时采取措施，确保安全送至实验室，并按实验室相应管理规定完成样品交接。

5.5 日常检查

5.5.1 辐射环境空气自动监测站应采用日监视和月巡检制度，日监视采用远程检查方式。

5.5.2 日监视

5.5.2.1 检查数据是否正常。查看数据曲线，如有异常波动须查找原因。

5.5.2.2 检查时钟和日历设置，发现错误应及时更正。

5.5.2.3　检查仪器设备运行和传输是否正常。如发现有异常情况,应进行技术分析,确定异常原因;无法排除故障时,应立即前往站点进行现场检查并及时处理解决。

5.5.3　月巡检

5.5.3.1　站房

1)检查站房及周围环境是否遭受雷击、水淹等自然或人为破坏情况;检查站房外观以及锈蚀、风化、密封等情况;检查外部供电电缆、通讯电缆的完整性和老化情况;检查防雷接地体的锈蚀、松脱等情况。

2)检查站房内是否有异常的噪声或气味,设备是否齐备,有无丢失和损坏,各固定的仪器设备有否损坏、积尘、锈蚀、松动或其他异常;排除安全隐患,检查安防设备、照明系统和排风排气装置运行是否正常,检查灭火器的有效期和可用性。

3)检查站房供配电系统,检查不间断电源主机和蓄电池工作情况,检查信号防雷设备的运行情况。

4)检查站房内温度、湿度是否维持在合理区间。对站房空调机的过滤网进行清洁,防止尘土阻塞过滤网。

5)检查站房周围环境卫生情况,对仪器设备和站房内外进行清洁工作,保持站房内部物品摆放统一有序、整洁美观。

5.5.3.2　数据采集处理和传输系统

1)观察各类电缆和数据连接线是否正常。

2)检查软件系统中仪器设备(包括采样设备)的参数设置、数据采集存储等情况。检查门禁、烟雾、浸水等系统软件功能。

3)对各仪器设备进行重新启动,检查运行是否正常,通过软件对气溶胶采样器、碘采样器进行开关和采样控制,检查功能是否正常。

4)检查加密网关工作是否正常。检查有线和无线链路连通情况,分别断开有线链路和无线路由器,在软件系统和数据中心查看数据是否连通。

5)重启软件,检查是否报错,各项监测内容是否显示正常;在数据中心查看站点数据是否连通且完整,检查计算机系统资源占用、安全防护等情况,对现场存储数据进行备份。

5.5.3.3　监测设备

1)检查监测设备的监测数据和运行参数,判断运行是否正常。

2)检查监测设备是否积尘,接口是否破损、锈蚀,连接线是否破损、老化,支架及百叶箱是否锈蚀或破损,检查连接和螺丝是否松动。

5.5.3.4　采样设备

1)检查外观是否积尘、破损、锈蚀,对采样有影响的,应及时进行处理。

2)对采样管路进行清洁和气密性检查,及时清除管路和采样口的杂物和积水等。

3)对沉降物采样器进行管路检查(包括漏水检查)及对干湿传感器灵敏度测试,冬季应检查加热装置。

4)对气溶胶和碘采样器进行开机运行测试,运行时间为半小时以上,检查运行过程中设备是否异常。

5)若采样设备出现冷凝水,应及时调节站房温度或对采样管路采取适当的控制措施,防止冷凝现象。

6)检查耗材使用和库存情况。

5.6 其他运行巡检与维护要求

5.6.1 发生极端恶劣天气后应及时进行全面检查维护,包括5.5节涉及的全部内容。

5.6.2 日常运行和维护时,应做好记录,并作为运行维护档案存档。

6 维护检修

6.1 预防性检修

6.1.1 预防性检修指在规定的时间对辐射环境自动监测站的仪器设备和基础设施进行预防故障发生的维护和检修,每年一般应至少进行一次。

6.1.2 总体要求

易损件在达到使用期限时应及时更换。

对完成预防性检修的仪器,应进行连续24小时的仪器运行考核,在确认仪器工作正常后,方可投入使用。

6.1.3 监测设备:按仪器使用和维修手册的规定,更换仪器的零部件。

6.1.4 采样设备:设置不同流速,在连续采样、定时采样和定量采样等各种模式下运行,检查是否正常,对管路、采样泵进行清洁和维护。

6.1.5 基础设施

对站房的外观和基础设施进行维护保养,主要包括:除锈、喷漆、破损修复等。

对外部供电电缆、通讯电缆进行维护保养,发现电缆老化等情况时进行必要的维修更换。

检查不间断电源的运行情况,每年至少测试一次不间断电源蓄电池的效能。蓄电池应定期进行充放电保养,即切断外部电源,在不影响数据传输的情况下,一天后开启外部电源,持续工作时间小于24小时的应及时进行更换。

用接地电阻测试仪检查接地电阻是否低于4欧姆,不符合要求的应及时检修。

对各种接头及插座等进行检查。对空调进行性能检测,及时进行加氟等维护保养。

6.2 定期维护检修

6.2.1 监测设备:原则上每3~5年进行一次检查和维护。

6.2.2 采样设备:每3年至少进行一次全面维护保养,主要包括:除锈、采样泵添加润滑油等。

6.2.3 数据采集传输设备:每5年进行一次技术评估,对故障率高的设备应进行更换。

6.2.4 软件系统:每3~5年进行一次技术评估,必要时升级软件系统。

6.2.5 基础设施:蓄电池、舱房密封封条等每5年至少更换一次。

6.3　故障维修

6.3.1　故障排查

依据“辐射环境空气自动监测站检查表”(见附录A)进行检查。

6.3.2　故障维修

在发生异常和故障时,须立即报告并进行排查和维修处理,仪器设备需要重大维修、停用、拆除或者更换的,或由于停电、故障和维修停机超过24小时的应当及时报备。

6.3.3　故障记录

在维修过程中,相关人员应认真填写维修记录等相关记录。

7　数据处理与报送

7.1　数据处理

7.1.1　空气吸收剂量率

5分钟均值:由测量时段3/4以上连续监测数据(测量时间间隔为30 s)的算术平均值得出。时间标签为测量截止时间,数据为此刻前5分钟测量均值。

小时均值:由每小时内3/4以上的5分钟均值算术平均值得出。时间标签为测量截止时间,数据为此刻前1小时测量均值。

日均值:由每日内3/4以上的小时均值算术平均值得出。日均值的统计时段为北京时间00:00至24:00。

月均值:每月20个以上日均值的算术平均值得出。

年均值:每年3/4以上月均值的算术平均值得出。

7.1.2　气象参数的计算和统计方法参考QX/T 45等标准要求执行。

7.2　异常数据分析

当空气吸收剂量率、样品测量结果与历年值相比有明显变化时,应对以下引起监测数据异常的原因进行调查:仪器是否故障,样品的采集与保存、分析和测量是否正确;然因素的影响;周围环境的变化;核设施运行过程中放射性物质的排放;核事故和辐射事故应急预案中规定的各类情况;核试验、医疗照射、核技术应用等其他人为活动;其他因素影响。

7.3　数据报送

辐射环境空气自动监测站监测数据一般实行季报和年报制度(见附录B)。在应急情况下,应按照应急预案的相关规定进行报送。

8　质量保证

8.1　标识管理

辐射环境空气自动监测站实行标识管理。

8.2　检定和校准

8.2.1　运行前

测量设备由具备资质的计量技术机构进行检定/校准。辐射环境监测设备应用检验源校验并记录结果。

8.2.2　运行期间

8.2.2.1　运行期间，测量设备应定期检定/校准或通过量值传递的方式，保证量值可追溯至国家计量标准。

8.2.2.2　监测设备：原则上每3~5年对其主要性能进行复测。剂量率监测仪主要性能至少包括：剂量率线性、响应时间和过载特性等。γ能谱仪主要性能至少包括：能量分辨率、能量响应和稳定性等。对仪器进行可能影响其性能的维护维修后，仪器须重新检定/校准，同时对其主要性能进行测试。

8.2.2.3　采样设备：采样设备的流量计、温湿度计等应定期检定/校准或量值传递。气体采样设备每年至少一次用传递设备进行量值传递。对用于传递的设备，其性能应优于测试设备，流量示值误差≤±3%。

8.2.2.4　气象设备：现场气象设备中的气压、气温、相对湿度、风向、风速和降水量等气象参数，用传递设备每年应至少进行一次量值传递。对用于传递的气象设备（包括温度计、湿度计、气压表、风向风速仪和雨量计等）每年应至少一次送国家有关部门进行质量检验或标准传递，其性能应优于测试设备，其中温度精度为不低于±0.2 ℃，湿度精度不低于±4%（≤80%）、±8%（>80%），气压精度不低于±0.3 hPa。

8.3　期间核查

8.3.1　辐射环境监测设备

8.3.1.1　剂量率监测仪

每年至少一次用检验源（^{137}Cs或^{60}Co）检查剂量率监测仪k值，$k=|A/A_0-1|$（A、A_0分别为期间核查和检定/校准时仪器对检验源的净响应值）。$k\leq0.1$，为合格；$k>0.1$，应对仪器进行检修，并重新检定/校准。

8.3.1.2　γ能谱仪

1）检查仪器稳定性，每年至少一次对γ能谱仪使用^{241}Am、^{137}Cs、^{60}Co等源进行识别分析，检查其是否满足性能要求。

2）能量分辨率：每年至少一次用^{137}Cs检验源测量分辨率（661.66 keV全能峰的半高宽除以峰位）。NaI(Tl)γ谱仪（ϕ“3×3”）能量分辨率一般应优于9%（相对于^{137}Cs源）。

3)其他性能指标应不低于出厂时的指标。

8.3.2 采样设备和气象设备

采样设备和气象设备每年至少进行一次期间核查。

8.4 其他规定

8.4.1 运行维护人员应按国家相关规定,经培训合格,持证上岗。

8.4.2 辐射环境空气自动监测站运行应纳入本单位质量管理体系,本单位的质量手册和程序文件应包括相关内容。本单位应编制相关的作业指导书和仪器设备操作规程,做好样品的自动采集和实验室分析的衔接,实施全过程质量管理。

9 档案

9.1 档案内容

9.1.1 仪器设备的产品说明书、质量合格检定证明文件、保修服务卡、安装手册、用户操作指南、使用说明书(含软件)、维护手册和安全操作手册等随机附带的文件。

9.1.2 仪器设备硬件接口、软件协议或库函数的说明文件,数据格式的说明文件。

9.1.3 仪器设备装配图和电气原理图等。

9.1.4 仪器设备的检定、校准、传递标定和性能测试等质量保证记录。

9.1.5 仪器设备生产、到货、安装、运行调试和验收等记录文件。

9.1.6 日常检查和维护检修记录,易耗品的定期更换记录。

9.1.7 管理和维护人员的资质档案,包括培训证明、上岗证书等。

9.1.8 发布的辐射环境空气自动监测报告。

9.1.9 自动监测原始数据每年以光盘、磁带或其他介质进行备份,并长期保存。

9.1.10 其他应该归档的资料、文件。

9.2 档案基本要求

9.2.1 档案按照本单位质量管理体系要求建档和管理。

9.2.2 档案工作应纳入本单位质量管理体系管理和考核。

附录 A
(规范性附录)

辐射环境空气自动监测站检查表

检查单位			
检查人	(签字)	联系电话	
站点名称		站点编号	
站点地址			
故障时间		现场检查时间	
检查项目	检查内容		检查结果
基础设施	检查供配电是否符合要求,相序是否正常,检查有无缺相以及三相严重不平衡现象。		
	检查各工作单元断路器和电源开关是否处于正常位置,各按钮是否在正常位置,电源插头是否插好,保险丝是否熔断。		
软件系统	检查软件重启是否报错,各项监测内容是否显示正常。		
	检查软件的通讯端口配置是否正确。		
	重启系统软件,观察系统运行情况,检查站点数据是否连通且完整。		
监测设备	检查设备外观是否破损,供电电缆和通讯电缆的连接情况、完整性和老化情况。		
	检查设备间的通讯接口是否正常连接。		
	使用笔记本电脑与设备相连,检查设备是否工作,并通过设备原厂软件检查设备运行参数是否正常。		
	查看近期监测数据是否异常。		
数据传输通讯设备	检查设备供电和通讯电缆的连接情况、完整性和老化情况。		
	重启设备,检查设备运行情况。		
	检查设备间的通讯接口是否正常连接,使用专用设备检查网络连通情况。		
	检查设备参数设置是否正确。		
采样、气象等设备	检查相关设备进气和出气管道是否堵塞、锈蚀等。		
	检查设备供电和通讯电缆的连接情况、完整性和老化情况。		
	重启设备,检查系统参数设置是否合理,检查设备运行情况。		
	检查设备间的通讯接口是否正常连接。		
	使用便携式温湿度计、风向风速仪等设备进行参数比对,检查数据是否正确。		
结论			

附录B
(规范性附录)
辐射环境空气自动监测站空气吸收剂量率报表格式

辐射环境空气自动监测站空气吸收剂量率季报表

序号	站点名称	数据获取率(%)	小时均值范围	平均值	标准差

辐射环境空气自动监测站空气吸收剂量率年报表

序号	站点名称	数据获取率(%)	月均值					范围	年均值
			1月	2月	……	11月	12月		

附录Ⅱ 国控辐射环境空气自动监测站运行管理办法

第一章 总则

第一条 为规范国控辐射环境空气自动监测站(以下简称自动站)运行管理,确保其稳定运行,监测数据真实、准确,制定本办法。

第二条 本办法所称自动站,是指纳入国家辐射环境监测网:并用于环境 γ 辐射、气象状况连续监测与空气样品自动采样的固定监测站点。

本办法适用于布设在地市级及以上城市、边境口岸和其他重点或敏感地区的承担全国辐射环境质量监测功能的自动站,以及布设在国家重点监管核设施外围承担监督性监测功能的自动站(国控21点)的运行管理,不适用于核电厂外围监督性监测自动站的运行管理。各省级生态环境主管部门及其他机构建设的自动站的运行管理,可参照本办法执行。

第三条 自动站实时监测数据的全年小时获取率应达到90%以上;样品采集和测试分析应满足全国辐射环境监测方案的要求,数据获取率应达到90%以上。

第四条 辐射环境监测是放射性污染防治工作的重要内容,依据

《中华人民共和国环境保护法》《中华人民共和国放射性污染防治法》

《生态环境领域中央与地方财政事权和支出责任划分改革方案》(国办发〔2020〕13号)等法律法规和文件要求,布设在地市级及以上城市的自动站的运行管理为中央和地方共同事权,日常运行经费由中央与地方共同承担;其他自动站的运行管理为中央事权,日常运行经费由中央承担。自动站监测数据由中央和地方共享。

第二章 工作分工

第五条 生态环境部负责自动站点的统一规划和设置,制定自动站运行管理制度并监督执行。

第六条 地区核与辐射安全监督站(以下简称地区监督站)负责组织对自动站选址与运行维护进行督促检查。

第七条 省级生态环境主管部门负责本行政区自动站的选址,负责自动站建设和运行基础条件的协调保障,组织做好本行政区自动站的运行管理。

第八条 省级辐射环境监测机构负责具体实施本行政区自动站(包括省级数据汇总中心)的运行管理,并对本单位和本行政区自动站运行人员进行技术培训,保障自动站的稳定运行和监测数据的真实准确。

地市级生态环境主管部门按照省级生态环境主管部门及其辐射环境监测机构的要求,可承担自动站现场日常运行维护工作。

第九条 生态环境部辐射环境监测技术中心(以下简称辐射监测技术中心)承担自动站规划和站点设置的技术支持,负责全国自动站运行管理工作;负责全国自动站质量保证管理工作,承担自动站运行管理的培训和交流;负责国家数据汇总中心的运行管理,自动站、国家和省级数据汇总中心应用软件的统一升级;对各省(区、市)自动站运行和维护工作进行技术指导。

第十条生态环境部核与辐射安全中心(以下简称核安全中心)承担中央投资的自动站建设及其设备升级改造和固定资产管理,负责国家数据备份中心的运行管理,并对全国自动站运行管理工作提供必要的支持。

第三章 运行管理

第十一条 辐射监测技术中心应建立健全自动站运行管理实施程序和技术要求,规范自动站维修维护、数据汇总中心监控值守、数据审核与报送等工作。

辐射监测技术中心应对自动站设备状况、数据传输和发布情况进行监控,发现异常应督促相关省级辐射环境监测机构进行排查。

第十二条 省级生态环境主管部门应将自动站监测任务列入本行政区年度生态环境监测计划,并组织实施。

第十三条 省级辐射环境监测机构应配备不少于 3 名技术人员(其中至少 1 名专职人员)承担自动站的运行管理和监测数据审核报送。人员如有变动,须报辐射监测技术中心备案,并抄报地区监督站。

第十四条 省级辐射环境监测机构负责开展本行政区自动站的日常运行管理,并做好记录。

(一)按照监测计划开展本行政区自动站日常监测工作。包括 Y 辐射空气吸收剂量率、放射性核素识别和气象参数的连续监测,以及样品的采集与分析等。

(二)做好监测设备、采样设备、气象监测设备、控制设备、数据采集处理和传输设备及基础设施的日常管理。

(三)按照有关技术规范开展“日监视"和“月巡检”,发现问题及时排查。发生极端恶劣天气后,参照“月巡检"对自动站开展全面检查。

(四)做好固定资产管理,保证自动站资产完整性,定期将资产情况报核安全中心备案。

(五)做好自动站的安全保卫,切实做好防盗、防火、防雷、防水(淹、漏)以及防止其他人为破坏事件的发生。

第十五条 自动站点位原则上应保持不变,如确需变更,应由省级生态环境主管部门报生态环境部批准后实施。

第十六条 省级辐射环境监测机构应按有关技术规范要求开展自动站设施设备检查、维护和检修。自动站基础设施和仪器设备发生故障时,除不可抗力之外,应立即组织维修并做好记录。

(一)辐射探测器、数据处理和通讯设备、省级数据汇总中心应,甲软件及超大流量采样器发生故障的,原则上应在 9 日内修复。无法及时修复的,应立即上报辐射监测技术中心。

(二)其余设施设备发生故障的,原则上应在 15 日内完成修复。

(三)由于停电、故障和维修等原因,造成自动站监测数据采集和传输中断超过 72 小时的,应及时向辐射监测技术中心报备。

第十七条　省级辐射环境监测机构委托第三方专业机构开展自动站维修维护工作的,应要求第三方专业机构制定自动站维修维护实施细则,并对其进行监督管理。

第十八条　辐射监测技术中心应当建立专业化的维修队伍,配备维修用房和工器具,对各省级辐射环境监测机构上报的无法修复的设备故障,组织开展抢修。除不可抗力之外,设备故障抢修原则上应在 7 日内完成。故障抢修情况应通报核安全中心。

第十九条　辐射监测技术中心负责自动站滤膜、碘盒和标准物质等易耗品的集中采购和管理,组织编制中央投资的自动站备品备件采购和分配方案,并报生态环境部批准。核安全中心负责按照批准的方案采购和分配自动站辐射探测器、虚拟专用网络(VPN)设备和工控机等备品备件,并按固定资产管理有关要求,及时办理资产登记、清点盘查和报废等工作,做好相关资产管理。

省级辐射环境监测机构自行采购和管理自动站其他备品备件及地方配套的备品备件,并按固定资产管理有关要求,及时办理资产登记、清点盘查和报废等工作,做好资产管理。

第四章　质量管理

第二十条　辐射监测技术中心应建立自动站运行维护质量管理体系,制定相关技术规范和程序,并定期组织质控检查和比对交流。

第二十一条　省级辐射环境监测机构及其负责人对本行政区自动站监测数据的真实性和准确性负责,采样与分析人员、审核与授权签字人分别对原始监测数据、监测报告的真实性负责。

第二十二条　省级辐射环境监测机构应建立健全质量保证制度,覆盖采样、现场测量、样品流转、分析测试、数据审核与传输、综合评价、报告编制与审核签发等全过程。

第二十三条　省级辐射环境监测机构应定期将自动站监测设备、采样设备和气象监测设备送有资质的计量机构进行检定/校准;无法送检的,应定期开展自行校准。

第二十四条　省级辐射环境监测机构应定期开展自动站监测设备、采样设备和气象监测设备期间核查,频率为每年至少一次,期间核查结果不符合指标要求的仪器,应进行检修和重新检定/校准。

第五章　数据管理与报送

第二十五条　省级辐射环境监测机构应按季度及时汇总本行政区自动站监测数据,对数据进行有效性审核后报送辐射监测技术中心。应急情况下,应按照应急指令的要求报送自动站监测数据。

第二十六条　省级辐射环境监测机构应加强自动站监测数据的分析,当发现数据异常时,及时上报省级生态环境主管部门、生态环境部和地区监督站,并开展调查。

根据调查结果,不能反映辐射水平的异常数据,不参与监测结果评价。

第二十七条　自动站辐射剂量率实时监测数据通过生态环境部和辐射监测技术中心官网实时对外公开发布,测试分析数据纳入全国辐射环境质量年报对外发布。

各级生态环境主管部门发布本行政区自动站监测数据的,其发布内容应与生态环境部保持一致。

第二十八条　任何组织和个人不得篡改、伪造、指使他人篡改或伪造辐射环境监测数据,对违法违规操作或直接篡改、伪造监测数据的,依纪依法追究相关人员责任。

第二十九条　省级辐射环境监测机构应定期离线备份保存本行政区自动站自动监测数据,并按规定保存自动站样品采集和分析原始记录“

辐射监测技术中心应定期离线备份保存全国自动站自动监测数据,保证数据可追溯、可读取,防止数据丢失;按照“一站一档"要求,组织各省(区、市)做好自动站档案管理工作。自动站运行管理档案保存期限为30年。

第六章　附则

第三十条　本办法由生态环境部负责解释。

第三十一条　本办法自印发之日起施行。